孩子一看就懂的 5G革命

云图科普馆——编著

5G 到底是什么？
它能为我们的生活带来什么样
它将怎样让万物互联？

U0261036

中国铁道出版社有限公司
CHINA RAILWAY PUBLISHING HOUSE CO., LTD.

图书在版编目（CIP）数据

孩子一看就懂的 5G 革命 / 云图科普馆编著 .—北京：中国
铁道出版社有限公司，2021.7
（写给孩子的前沿科学）
ISBN 978–7–113–27149–7

Ⅰ .① 孩… Ⅱ .① 云… Ⅲ .① 无线电通信 – 移动通信 –
通信技术 – 儿童读物 Ⅳ ①.TN929.5–49

中国版本图书馆 CIP 数据核字（2020）第 145541 号

书 名：孩子一看就懂的5G革命
HAIZI YI KAN JIU DONG DE 5G GEMING

作 者：云图科普馆

责任编辑：陈 胚 编辑部电话：（010）51873459
封面设计：刘 莎
责任校对：苗 丹
责任印制：赵星辰

出版发行：中国铁道出版社有限公司（100054，北京市西城区右安门西街8号）
网 址：http//www.tdpress.com
印 刷：三河市兴达印务有限公司
版 次：2021年7月第1版 2021年7月第1次印刷
开 本：889 mm×1 194 mm 1/24 印张：8.75 字数：128千
书 号：ISBN 978-7-113-27149-7
定 价：49.00元

序　言

一转眼，小豆丁来到 2050 年，他已经是一位科学家了。他走进昔日的校园，发现学校发生了翻天覆地的变化。

在门口，有一面 0.000 1 毫米的玻璃墙，上面有一个人脸识别器。只要靠近它，它就会自动确认你是不是这里的老师或学生，可不可以进入校园。小豆丁好奇地拍了拍这面墙，发现它比想象中坚固好多。

进入校园后，小豆丁大喊一声"飞碟"，一个飞碟就飞了过来。小豆丁说"去五年级二班"，飞碟眨眼之间就把他带到了目的地。

进入教室，他发现里面没有老师，没有黑板。每个同学都按下手上佩戴的智能电脑按钮，面前就会浮现今天的课程，然后自动播放这一节课的内容。

"小豆丁，起床啦！"豆妈一声叫喊把小豆丁拉到现实中来。小豆丁睁开眼睛，才反应过来刚才是一场梦。

"几十年后，我们的生活真的可以像梦中那样智能吗？"小豆丁喃喃自语。

相信你也和小豆丁一样，对 5G 以及未来的 6G、7G 等生活充满期待。那么，

马上就要来到的 5G 智慧生活到底是什么样的？它又会给我们带来怎样的改变？

5G 其实就是第五代移动通信系统，是最新一代移动通信技术，是 4G 系统的延伸。有了 5G 通信技术，我们的未来生活将会发生翻天覆地的变化。

我们会拥有无人驾驶汽车。不久的将来，汽车再也不需要司机，道路上都是无人驾驶汽车。人们可以惬意地坐在车上吃着早餐，听着新闻或音乐，任由汽车自动把我们带到目的地。

有人可能会说，那要是撞车了怎么办？不用担心，5G 技术有着超低时延，其反应速度在 0.001 毫秒之内。当无人驾驶汽车检测到危险的时候，会以迅雷不及掩耳的速度帮助我们规避危险，保障我们的安全。

我们还可以享受 AR 世界。AR 则是 VR 的增强版，它可以通过电脑技术将虚拟的信息应用到真实世界，让虚拟的物体和真实世界存在于同一个画面或者空间中。在 AR 世界里，动画片里的小动物就像真实存在我们身边一样，还可以和我们一起嬉戏。

我们还可以利用 5G 技术远程上课，让我们在家也能够感受到和同学们在一起的课堂气氛；我们可以远程看病，让偏远乡村的人们也能够享受到大医院医生的诊疗；我们还可以利用 AR 来一次全球旅行，足不出户就看遍全世界的美景……

通过本书，你还可以了解更多奇妙的 5G 场景，看到更多关于 5G 的知识。

接下来，就让我们走进 5G 科幻世界，一起去领略 5G 的"风姿"吧！

目　　录

01

通信的前世今生

5G 诞生前，人们如何传递信息

逐渐远去的 4G 时代

什么是 5G

玩转 5G 科技

06

5G 智慧世界

07

未来是什么样子的

01 通信的前世今生

在我们的生活中，处处都能够看到通信科学的影子……

什么是通信技术

为了让小豆丁更好地了解通信，爸爸给小豆丁讲了一个故事。

1897 年，一位英国人向当时的清政府北洋大臣李鸿章介绍一项叫作"电报"的技术，并且告诉李鸿章，用这项技术传递信息比用马送信要快很多。当时的李鸿章非常支持从外国引进先进的技术，于是他决定试一下这项技术。

李鸿章先让人把这位英国人叫过来，让其用电报给天津的人员传递了一条消息。随后，李鸿章派人快马加鞭带着同样的消息去天津。李鸿章派出去的人接到任务后，立即马不停蹄地赶往天津。在路途中，送信的人一共换了 6 匹马，并且中途有 3 匹马都被累死了。

最后，当信使赶到天津的时候，他惊奇地发现，英国人用电报传递的信息早就被接收了。信使惊叹之余，立即返回，将这个消息告诉了李鸿章。李鸿章听完后，不住地赞叹，并决定引进这项通信技术。

"通信"简单来说就是传递信息，小豆丁发信息给同学，或同学传小纸条给小豆丁都是通信。如果从科技的角度来说，通信就是人与人之间通过某种行为或者工具进行信息交流。

人类从诞生的那一刻起，就已经掌握了通信。婴儿通过哭声向母亲传递饥饿的信息，深陷危险的人们通过吼叫来传达求救的信息等，这些都属于通信。

不过，古代人的通信都是通过视觉或者听觉来实现的，通信双方只能通过见面或者声音传递信息。显然，这种简单的通信方式会受到时间和距离的限制。如果通信双方距离十分遥远，那么信息就不能在很短的时间内完成传达。

因此，古代人的信息交流只能叫作"通信"，不能称之为"通信技术"。而通信真

马可尼

正成为一门技术，是从 19 世纪开始的。

进入 19 世纪，人们发明了有线电报，并建立了电磁波理论。后来在此基础上，贝尔发明了电话，马可尼发明了无线电报，人类由此开启了使用电磁波进行通信的时代，"通信技术"一词也由此诞生。

电磁波与电报

其实，早在 1835 年美国人莫尔斯就发明了有线电报，但当时还不知道电磁的确切原理，后来经过科学家的研究，直到 1864 年，完整的电磁波理论才真正诞生。

随着通信技术的发展，人们经历了固定电话、移动电话、智能手机等多个阶段。通信技术发展的每一个阶段，人类的通信方式都会随之更新换代。进入 21 世纪之后，人们开始使用"代"的英文单词"Generation"的首字母"G"来代表新的通信技术时代，因此我们现在所讲的"5G"其实就是"第五代移动通信技术"。

那么，通信技术到底研究的是什么呢？简单来说，就是研究如何在更短的时间内，传输更多的信息。

根据传递信息所使用载体的不同，我们可以将通信技术分为有线通信和无线通信。人类一开始发明的是采用电缆、光缆等作为信息传递载体的有线通信，而后人类又发明了利用电磁波传递信息的无线通信。

手机、电脑等这些我们熟悉的电子器材就是一些通信设备。通过这些通信设备，我们不仅可以将信息快速地传达给远方的亲朋好友，还能体验越来越精彩的其他功能。

与此同时，通信技术不仅让人们传递信息的方式越来越先进，而且还促进了各行各业的发展。

比如，通信技术被广泛应用于航天领域中。1957 年，苏联成功发射第一颗人造地球卫星之后，通信技术开始让我们了解太空。随后，宇宙飞船的发射让我们进一步认识了我们的宇宙。当宇航员乘坐宇宙飞船遨游太空时，高端的通信技术又会实时地向地球发送关于太空的情况，从而让全世界都能看到宇航员在太空遨游的画面。

从电报到电话，再到智能手机，随着科技的不断发展，日新月异的通信技术不断地为我们呈现出更加精彩的世界，让我们体验到更丰富的生活。而 5G 时代又会带给我们哪些有趣的东西呢？接下来就让我们跟着小豆丁一起去探索这个更加智慧的 5G 世界吧！

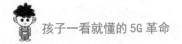

小豆丁懂得多

电视机是每个家庭必不可少的"成员"，聪明的你知道世界上第一台电视机是谁发明的吗？

世界上第一台电视机是英国的约翰·洛吉·贝尔德在 1925 年发明的。据说，贝尔德在 18 岁的时候就开始研究各种电子设备，但是当时他的家庭十分贫寒，他没有钱购买各种零件，于是他只能用洗脸盆、茶叶箱等十分简陋的工具进行他的研究。

在这种环境下，贝尔德经过十几年的努力，成功研制出了人类历史上第一台电视机。

电缆为什么可以传递信息

小豆丁的体验

想要了解通信，必须先了解电。为了帮助小豆丁学习，爸爸又给小豆丁讲了一个故事。

公元前 600 年左右的一天，古希腊哲学家泰勒斯拿着一根琥珀棒在小猫身上来回地蹭。不一会儿，泰勒斯惊奇地发现，琥珀棒居然把小猫的毛吸了起来。泰勒斯心想，难道经过摩擦后的琥珀棒也和磁铁一样，可以吸住很多东西吗？

为了验证这个想法，泰勒斯将琥珀棒多次摩擦之后，放在羽毛旁边。果然不出泰勒斯所料，琥珀棒将羽毛也吸了起来。泰勒斯为此兴奋不已，他认为这种现象就和空中的闪电一样神奇，于是他把琥珀棒摩擦后产生的这种不可理解的力量叫作"电"。

　　此后的数千年时间里，越来越多的人步入到了研究电的行列中来。随着对电的研究越来越深入，人们发现金属是可以导电的，也可以用来传递电能，因此人们试着将金属做成细长的线，电线也就因此诞生了。而当单根的电线无法再满足人们的需求时，人们又在电线的基础上发明了电缆。

　　电缆可以用来传递电能，例如我们经常见到的高压线，使用的就是输电电缆，除此之外，人们发现电缆还可以用来传递信息，而这种用来传递信息的电缆就是通信电缆。

　　有了通信电缆，人们才能将电报、电话这些通信设备连接起来，进而实现远距离传递信息。

电缆通常是由几根由铜、铝或者银等制成的电线糅合在一起组成的一种和绳子差不多的管线。通常，为了防止电缆中的电漏出来，人们会在电缆外面包裹一层厚厚的"衣服"，这层"衣服"可以避免人们被电缆中的电伤害。

通信电缆可以将信息通过电流传递出去，从而使不同地方的人们完成信息交流。

通信电缆之所以可以传递信息，是因为当我们发送信息

严谨的科学家

莫尔斯在 1835 年发明了有线电报，但当时只是在实验室里试验成功。两年之后，他又取得了长距离实验的成功，其实这个时候电报已经可以应用了，但是，严谨的莫尔斯还是继续实验了七年，直到 1844 年，在确保万无一失之后，莫尔斯才把有线电报应用到了实际生活中。

之后，通信设备将信息转换成为电信号，然后这种电信号会通过电缆中的铜、铝或者银等电线传递出去。电信号通过电缆线路传递到对方的通信设备上，之后通信设备再将电信号转换成信息，这样对方可以听到或者看到我们传送的信息了。

通信电缆产生于 1835 年前后。当时的研究者发明了一种可实用的电报机，为了使用电报机通信，他在电报线路外面包裹了一层橡胶，然后把这根线路埋到了

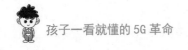

地下，这根线路就是世界上最早的地下电缆。

　　1844 年后，莫尔斯在实验室外启用了有线电报，人们终于实现了远距离的信息交流。不过，在当时，人们通过电报传递信息的距离也只是城市与城市之间，国与国之间的信息传递依旧是一件十分困难的事情。

　　因为想要建设一条连接各国之间的电缆是一件非常浩大的工程，除了要跨越国界之外，还要征服山川、河流、湖泊、海洋、沙漠等自然阻隔，所以，要跨越种种障碍建设一条电缆，在那时算得上是一件天方夜谭的事情。

　　但是，世界之大，无奇不有。美国的一位实业家菲尔德，在当时拥有不少的财富，他的梦想就是不惜一切去完成一件惊天动地的事情。于是，他下定决心，要在大西洋底铺设一条电缆，从而把欧洲和美洲联系起来。

　　为了实现这一壮举，菲尔德在政府和其他企业家的帮助下，成功制造了一根长达数千千米，重达几千吨的海底电缆。然后，

> **菲尔德与海底电缆**
>
> 　　菲尔德的海底电缆计划一共进行了五次，前四次全部因为各种各样的原因而失败，菲尔德更是为此几次倾家荡产，但顽强的菲尔德屡败屡战，不停募捐，最终他战胜了所有困难，完成了铺设一条海底电缆的这一前所未有的壮举。

菲尔德经过了多年的试验和探索，终于在 1866 年 7 月 27 日，成功将这条巨大的电缆铺设到了海底。

电缆铺设成功之后，人们传递信息的速度提高了近百倍，欧洲和美洲两地的人们再也不会被浩瀚的大西洋阻隔，他们凭借这条巨大的电缆实现了信息交流。就是从这个时候开始，新闻业得到了快速的发展，越来越多的记者每天奔走于电报局和报社之间，为人们传递着世界上最"新"的信息。

而后，电话也依靠电缆得以连接，通过一条条细长的电缆，人们可以在全世界范围内进行语音交流，神话中的"千里传音"终于被科学家实现了。各种通信技术和设备的发明让人们跨越了距离的阻碍，把整个世界的人们都联系到了一起。而电缆则是通信技术发展过程中必不可少的基石。

虽然电缆成功帮助人们实现了信息的快速传递，但是架设电缆线路却是一件非常麻烦的事情。那么，除了长长的电缆之外，我们还有别的工具可以传递信息吗？这就需要人们接着探索下去了。

小豆丁懂得多

高压线是我们日常比较常见的一种电缆。与通信电缆不同，人们用高压线来输送电力。高压线，顾名思义，就是其电压非常高，人一旦触碰就十分危险。小

时候家长总是要我们远离高压电。然而，我们经常看到成群的小鸟会停落在高压电线上，它们为什么不会触电呢？

原因是，输送电力的电缆由两组组成，这两组缆线之间存在着一定的电压差，我们可以把这两组缆线比作两根水管，一根低一点，一根高一点，如果在两根水管之间接通，水就会从高的水管流向低的水管。同样的，如果在有电压差的两组缆线上连通，就会产生电流。

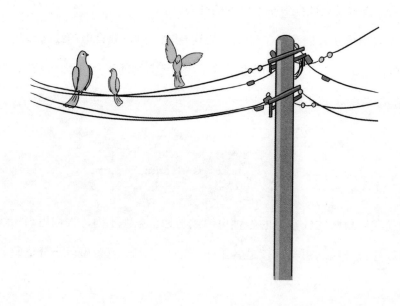

我们知道，人和动物的身体是可以导电的，所以当人同时触碰两根高压电缆时，产生的电流就会通过人的身体，这样触电也就发生了。但是，小鸟实在是太小了，它们不可能同时触碰两根高压线，因此，就没有强大的电流通过小鸟的身体，小鸟自然就不会触电了。

然而，人如果站在地上，哪怕只触碰一根高压线也是会触电的，这又是为什么呢？这是因为，电线和大地之间也存在着巨大的电势差，电流可以通过我们传导进入大地，这个过程也会让我们触电。

所以小朋友们千万要提高警惕，不能随意触碰电线，防止自己的身体受到伤害哦！

无线电波，实现了无线通信

爸爸说：科学家发明了电报和电话之后，信息传播的速度快了很多倍。不过，如果人们想要通过电报或电话传递消息，就必须在两地之间铺设电缆。

难道除了长长的电缆之外，就没有其他的东西可以传递信息了吗？意大利的马可尼始终认为，世界上还有可以传递信息的其他工具。于是，他潜心研究，收集了大量的文章和资料。

1895 年，马可尼在电磁技术的基础上成功发明了一种使用电磁波进行信息传递的设备。经过试验，这种不需要实物线路的无线电设备，可以跨越约 3 公里的距离传递信息，在当时这可是一个非常了不起的距离。

后来，在科学家的努力下，无线电设备能够传输的距离越来越远，应用范围也就越来越广泛。在 1909 年的时候，一艘汽船因为遭到碰撞而发生海难，这时马可尼的无线电装置及时发出了求救信号，这艘汽船上的人因此得以获救。

　　小豆丁记得在幼儿园的时候，很多小朋友都玩过纸杯传声筒的游戏：准备两个纸杯，然后用一根长长的线穿过两个纸杯的底部，拉紧长线，一个小朋友对着纸杯说话，另一个小朋友在纸杯的另一端就能够听到对方说的话。

　　之所以小朋友能够听到对方的声音，是因为，说话时中间的线在帮我们传递声音。这个纸杯传声筒就像固定电话一样，通过长长的线路来传递信息。

　　现在我们使用的通信设备一般都是无线的，比如手机、智能手表等。这些设备之间并没有长长的线路，为什么它们还可以把千里之外的文字、声音、图片等信息传递到我们身边呢？这就是无线电波在中间默默地发挥着作用的缘故。

　　无线电波，简单来说，就是在自由空间中传播的电磁波，它可以帮助我们"运送"信息。

　　手机等设备发送的信息被转换成为无线电信号后，会将信号以电磁波的方式释放到空中。附近的天线检测到这些信号后，会将这些电磁波全部接收，并将电磁波承载的信息放大、检测，取出有用的信息，最后再发送到接收人的手机等设备上，这就是无线电波传递信息的全部过程。

　　无线电装置由发射器和接收器两部分组成：发射器将需要传递的文字、声音、图像等信息通过无线电波传递出去，接收器则会通过天线或基站接收无线电波，并对电磁波承载的信息进行解码。

　　我们的手机就是一种无线电收发设备，它的内部装有发射器和接收器。由于我们手机中的发射器和接收器可以同时运作，所以我们的手机在发送信息的同时，还可以接收信息。

　　为了能够更好地理解无线电波，下面举一个简单的例子。我们可以想象一下：假如我们使用手机对小伙伴说"明天一起去上课吗？"这句话就会被手机转换成相应的数据，然后手机会将这个数据以无线电波的形式发送到我们附近的基站。

经过很多的中转之后，无线电波会到达小伙伴附近的基站，基站会将无线电波通过手机天线发射到小伙伴的手机上，这时小伙伴就能接收到"明天一起去上课吗？"这句话了。

自从 1895 年马可尼发明了无线电装置后，人们就逐渐步入无线电时代。随后人们发明出很多无线通信工具，例如手机。

目前，无线电波除了可以应用于通信之外，在其他方面也得到了很多的应用。

比如通过 GPS 定位系统，各部队就能准确地掌握前方人员执行任务的位置，当士兵面临危险时，还可以通过无线设备向部队发送无线电波，及时请求部队前来救援等。

此外，人们还发明了很多雷达系统。比如气象雷达、预警雷达、导航雷达等。其中，气象雷达可以通过空中的无线电波，探测到某个地区的天气状况；预警雷达可以在地震、火灾等重大危险发生时，及时向人们传递预警信息。

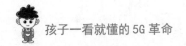

小豆丁懂得多

在神秘的外太空，是否也存在着神奇的无线电波呢？

事实上，不仅仅是地球，几乎宇宙的每个角落都存在着无线电波。从探索宇宙到现在，科学家接连发现了很多神秘的太空无线电波信号。最让人惊讶的是，有些信号是来自同一个地方。

很多人认为，这些信号是外星人发送到地球上的，它们或许想要通过无线电波和我们打招呼；还有一些人认为，外星人或许和地球人一样，早就开始使用手机、录音机这些高端设备。

然而，这些来自宇宙深处的无线电波信号到现在还是一个未解之谜，就连科学家都无法拿出确切的证据，来证明这些信号的来源。不过，随着科技的不断进步，科学家早晚会揭开这些神秘信号的秘密，到那时，我们或许就能知道宇宙中是否真的存在外星人了。

光纤，传递信息的"高速公路"

之前很多人都在谈论光纤通信，那么光纤是什么呢？为了帮助小豆丁理解，爸爸又给他讲了一个关于光纤的故事。

1870年的一天，英国著名的物理学家丁达尔，受邀到英国皇家学会作一场光的反射原理的演讲。在演讲过程中，丁达尔做了一个非常有趣的实验。

丁达尔在一个装满水的木桶壁上钻了一个洞，然后他将一个灯泡放在水桶里，顿时，水桶里的水都被灯泡照亮了。让人们吃惊的是，水桶里面的水从桶上面那个洞流出来的时候，光也随着水流了出来，而且流出来的光居然可以和水流一样弯曲。

人们都感到特别惊奇，众所周知，为什么光能弯曲地行走呢？丁达尔告诉人们，这是因为照进水里的光发生了全反射。简单地说，就是当光照射进水或者其他东西时，如果照进去的角度大于某一角度，它的光就会全部反射回水里或其他东西里面。因此，人们看到的光就像水流一样弯曲的。

自从丁达尔发现光的这一奇妙现象之后，人们就对如何利用光的这一特性，产生了很大的兴趣。后来，人们根据光的这个特性发明了一种和蜘蛛丝差不多细的透明玻璃丝，并把它叫作玻璃纤维。这种纤维可以改变光传播的方向，让光跟着它的路线走，于是人们又把它叫作光导纤维，这就是我们所说的光纤。

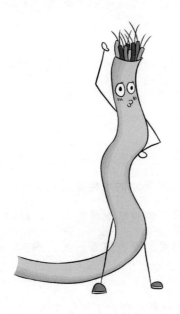

那么，光纤可以干什么呢？聪明的科学家想到，光纤可以作为传递信息的工具。当我们把需要传递的信息发送到电脑或者手机上后，这些信息就会通过光纤传递到接收者的电脑或者手机上。

在使用光纤的时候，人们为了防止光纤损坏掉，会先在它们的外面包裹上一层塑料保护壳，然后将这些穿上"衣服"的光纤扎成一大束，最后再用一层缆线将光纤束包起来。这样，这些光纤就变成了一条光缆，现在我们平时在家上网时用的网线大部分都是光缆。

丰富的二氧化硅

石英、水晶等物质中都有丰富的二氧化硅。而石英大约占地球上总矿藏的 14%，也就是说，人们从自然中获得大量的二氧化硅是非常容易的。

与电缆相比，人们更喜欢用光纤来传递信息。

其一，光纤传递的信息比较多。据科学家测算，光纤的传递能力是传统电缆的几十甚至几百倍，仅仅一条光纤就可以让十几个人同时通话，可以同时传送十几个电视节目。而一条光缆里面可以有很多条光纤，所以一条光缆可以传递大量的信息和数据。

其二，制作光纤的成本很低。光纤主要材料是二氧化硅，而二氧化硅非常容易获得，就目前来说是取之不尽，用之不竭的。

其三，光纤的保密性很好。光纤几乎不会受到其他东西的影响，要想从光缆中得到别人的信息，只有切断光缆才能成功，所以使用光纤传递的信息不容易被泄露出去。

其四，光纤可以进行长距离的传输，极大地满足人们对通信距离的要求。现在，很多国家都在陆地上铺设了很多的光缆，以便人们可以在全国范围内传递信息。

为了让不同国家之间也能传递信息，世界各国在海底也铺设了大量的光缆。

世界上第一条海底光缆是在 1988 年建好的，这条光缆连通了欧洲和美国，它全长 6 700 公里。后来，随着人们对通信的需求越来越多，各国铺设的海底光缆也越来越多。根据最新的数据统计，目前全球的海底光缆已经长达 90 万公里，相当于围绕地球 22 圈。世界各国之间大部分的信息交流都是靠这些海底光缆实现的。

小豆丁懂得多

普通的民用光缆用于传递普通信息，它如果被损坏，人们的通信就会中断；军用光缆和国防光缆都是用来传递军事信息和国家机密信息的，这些光缆一旦出现问题，我们国家的军事信息和机密信息就有可能泄露。

光缆警示牌的作用就是防止一些施工人员不小心将这些光缆弄断，或者他人故意破坏。通常，在军事光缆和国防光缆附近都是不允许施工的，如果不得不施工，也得向相关部门说明情况，并在相关人员的监督下进行施工。如果施工前没有经过批准，不仅需要赔偿巨额的经济费用，还会受到法律的制裁。

移动通信，用手机可以打电话

讲了那么多通信知识，现在，爸爸终于讲到了小豆丁熟悉的手机。手机是怎么产生的呢？在解答这个问题之前，爸爸先卖了一个关子，先给小豆丁讲了一个移动通信的故事。

第二次世界大战之后，有着"汽车王国"之称的美国出现了非常多的私人汽车。那时的固定电话也已经普及，很多人都在享受这样便利的生活。遗憾的是"鱼和熊掌不可兼得"，美国人在户外驾驶汽车时，是无法通过家中的固定电话联系别人的。

无论驾驶汽车的人有多么紧急的事情，他都不能立刻用固定电话将信息传递出去，这给"汽车王国"带来了很大的烦恼。于是，科学家就开始研究如何实现一边开车一边打电话。

1946 年,美国的贝尔实验室成功研制出移动电话系统。利用这个移动电话系统,人们实现了移动通话;后来,人们又在此基础上发明了更加便捷的手机。人们只要把移动电话系统放在汽车上,就能一边开车一边接听其他人发来的信息,从此,人们再也不用担心在驾驶途中会错过什么重要的信息了。

生活在 21 世纪的小豆丁,要想向别人传递信息,只需要打开小小的手机,就能快速地与千里之外的人通信。可是,小豆丁并不知道,我们现在可以通过手机打电话,都要归功于移动电话系统的发明。

手机每拨打一个电话,发送一条短信,都离不开背后庞大的移动通信系统。那什么是移动通信系统呢?移动通信系统是由无数的基站组成的,当我们通过手机发送声音、视频、文字、图片的时候,这些信息首先会通过无线电波发送到离我们最近的基站。

然后，这些信息还会通过基站与基站之间的无数个通信设施，比如光缆、基站控制器、交换中心等传送到距离对方最近的基站，对方的基站在收到信息之后，

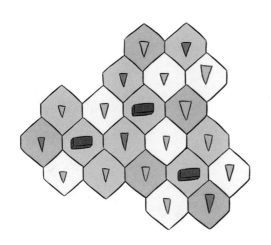

再通过无线电波将信息发送到对方的手机上。

正是由于这个庞大的移动通信系统，我们才可以使用手机给远方的亲朋好友打电话。现在，世界上使用的移动通信系统都是蜂窝移动通信系统。

那么，蜂窝移动通信系统又是什么呢？顾名思义，它是一个像蜂窝一样的通信系统。我们使用手机进行通信时，都是依靠无线电波传递信息的，而无线电波覆盖的地方就被称为通信区域。人们只有在这些区域内才能进行信息的传递。

最初，在移动通信技术刚刚普及的时候，使用移动电话的人还不是很多，那时候需要建设的通信区域也很小。随着通信技术的发展，越来越多的人开始使用手机，仅有的通信区域已经不能满足人们的需求。

于是，人们为了解决这种"僧多粥少"的局面，开始研究建设一个可以供很

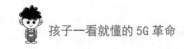
多人使用的巨大的通信系统。在建设的过程中，为了能够充分地利用无线电波资源，人们一直在思考要建设一个什么形状的通信区域。

刚开始的时候，科学家打算建立一个个圆形的通信区域，不过后来他们发现，如果建立圆形的通信区域，那么每个通信区域之间就会产生很多的缝隙。显然，处于这些缝隙中的人们不能使用手机打电话。

接着，科学家们又尝试了正方形、菱形、正三角形等多种形状，最终他们发现这些形状要不就会产生缝隙，要不就会重叠到一起，总之，这些形状都会影响通信质量。

当科学家为此头疼的时候，他们发现蜜蜂的窝是由很多正六边形的"小房子"紧密地连接起来的，这大大地启发了科学家。最后，科学家经过认真的研究，将我们的通信区域用一个个正六边形覆盖了起来，然后把整个系统叫作蜂窝移动通信系统。

随着通信技术的发展，蜂窝移动通信系统变得越来越庞大、越来越复杂。如今，每一张正六边形的通信区域里面，可以供应不同的手机设备和其他的无线设备同时工作。这就是为什么我们只要拿着手机，就能随时随地地打电话、上网的原因，因为我们总是处在各个"蜂窝"之中。

小豆丁懂得多

　　在加油站，我们经常会看到"禁止使用手机"的相关标语。有些小朋友很好奇，为什么加油站内不能使用手机呢？

　　我们都知道，汽油是具有挥发性的液体，而当汽油在空气中的浓度高到一定程度，遇到明火，就会发生爆炸。

　　我们使用的手机内部都是一些电子零件，在用手机接打电话的时候，电流会在电子元件中传导，而如果电子元件中出现短路等情况，电流就很可能发出微小的电火花，从而遇到这种混有汽油的空气有可能发生爆炸。虽然这种情况并不十分常见，但为了防患于未然，还是应该在加油站等禁止出现明火的区域不要使用手机。

Wi-Fi，实现了无线上网

小豆丁的朋友小米家，最近新买了一台可以用无线上网的电视。这天，小豆丁去朋友小米家玩耍。刚一进门，小豆丁就被小米拉到屋里玩电视上的体感小游戏。小米妈妈回家后，看到小豆丁和小米跟随着电视机上的动画人物手舞足蹈，两个人都非常开心，妈妈也不禁跟着笑了起来。

然而，小豆丁和小米刚玩了一小会儿，电视机上面的画面突然没有了，随即电视机弹出"当前网络无信号"的字样。小米见状，愁眉苦脸地望着妈妈。妈妈解释道："可能是 Wi-Fi 信号不好了吧！"

妈妈连忙叫爸爸来帮忙。爸爸在电视机前面鼓捣了半天，也没有把信号弄出来。两个小朋友心里不禁疑惑地想着："Wi-Fi 到底是什么东西呢？为什么没有 Wi-Fi 电视机就不能玩游戏了呢？"

　　如今，随着手机的功能越来越强大，手机上的应用也越来越多。看视频的、导航的、提供外卖服务的、购物的等，数不胜数。手机也因此逐渐变成了我们必不可少的生活工具。

　　不过，手机想要满足上述种种需要，不仅仅需要这些应用程序，还必须要连接网络。就像小米家的可联网电视机一样，如果手机没有网络就无法使用这些应用。现在我们都知道，手机上网要么需要使用移动蜂窝，要么就需要连接 Wi-Fi，那么 Wi-Fi 是什么呢？它为什么可以产生网呢？

　　Wi-Fi 又叫作无线网络，它是一种可以让手机、电脑等电子设备连接互联网的无线网络技术。在没有 Wi-Fi 之前，我们的电脑都是通过一根真实的网线来实现上网功能的。Wi-Fi 的出现让电脑摆脱了网线的控制，实现了没有网线也可以上网的功能。

Wi-Fi 之所以能够上网，是因为它实际上是一种无线电信号。有了 Wi-Fi 技术，我们的手机、电脑等设备可以轻松地通过无线电波发送信息，并通过无线路由器（Wi-Fi 信号接收设备）传递信息，然后无线路由器再将信息通过无线电波在网上发送出去。

与蜂窝移动通信系统相比，Wi-Fi 传输的电磁波频率非常高，这就意味着 Wi-Fi 信号可以传递更多的信息。因此，Wi-Fi 信号一般都比我们使用的手机流量上网通信信号要好很多。

但在现实生活中，Wi-Fi 有时似乎并没有想象中的那么好用。就像故事中小米家的 Wi-Fi 一样，甚至有的时候，我们离 Wi-Fi 路由器只有短短的几米，却无法收到 Wi-Fi 网络信号，这是怎么回事呢？

实际上，Wi-Fi 最远可以传输信息到 400 公里左右。瑞典的航天局就曾经使用 Wi-Fi 将数据传递到了 400 多公里之外的气球上。

但他们使用的是非常标准的 Wi-Fi 设备和特大号的信号放大器，而我们日常生活中使用的 Wi-Fi 路由器，通常信号范围都比较小，而且 Wi-Fi 信号在传递过程中很容易受到天线和物理屏障的影响。

当我们使用 Wi-Fi 信号上网时，传递信息的无线电波会穿过墙壁、桌子、水等多种物品，甚至包括我们的身体。总之，很多东西都会干扰到无线电波的传输，导致 Wi-Fi 信号变差。

另外，空间中的其他电磁波也会干扰到 Wi-Fi 信号。Wi-Fi 使用的是无线电波，当空中出现其他电磁波时，无线电波就会和这些电磁波相互碰撞从而干扰信号。比如当我们的微波炉工作时就会散发出一些电磁波，影响我们的 Wi-Fi 信号。

小豆丁懂得多

让人苦恼的是，在使用 Wi-Fi 的过程中，它会受到场所的限制，人们只能在家里、公司等固定地方连接 Wi-Fi。为什么我们不能随时随地使用 Wi-Fi 呢？

这是因为 Wi-Fi 是一种无线电信号，这种信号只能覆盖一定的区域，而且当无线电信号受到墙壁、树木的阻挡时，也会变得十分微弱。

日常生活中为了保障我们使用无线网络的信号，每个 Wi-Fi 都会设定密码。如果在一个 Wi-Fi 区域内有很多人都使用同一个无线网络信号，我们的网速就会变得非常慢，甚至无法运行。

不过，不用担心。随着 Wi-Fi 技术的发展，未来的无线网络会更好。比如现

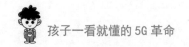

在很多的火车上也覆盖了 Wi-Fi 信号，在漫长的火车旅程中，我们也可以尽情享受无线网络带来的精彩世界！

　　甚至我们的手机本身，也可以作为一个网络再分享的简易"Wi-Fi"装置，通过释放信号，帮助附近的其他电子设备连接互联网。

5G诞生前，人们如何传递信息

书信、烽火台、孔明灯……你知道我们的祖先都用过哪些方法传递信息吗？

古代人的通信方式

小豆丁最爱听爸爸讲古代的故事了。今天，爸爸给小豆丁讲了一个烽火戏诸侯的故事，在这个故事里，也有关于通信的思考。

西周时，有一位非常昏庸的皇帝叫作周幽王，他有一位叫褒姒的妃子，周幽王非常宠爱她。褒姒虽然长得十分漂亮，但是不管怎样都不肯笑。周幽王为了博得褒姒一笑，决定用烽火来逗褒姒开心。

昏庸的周幽王带着褒姒登上了骊山，命令守兵们点燃烽火。一时间，烽火冲天，狼烟四起。各地诸侯见状，纷纷赶到骊山救驾。但是，到了骊山后，各诸侯连一个敌军的影子都没有看到，这时他们才知道被周幽王戏弄了，于是非常生气地走了。

褒姒看到诸侯们被招之即来、挥之即去的狼狈样子，就笑了。周幽王为此十分开心，后来就经常用这种办法讨褒姒的欢心。刚开始，诸侯们还一次次前来救驾，不过久而久之就没有人再相信周幽王了。最后，当敌人真正到来的时候，周幽王点燃烽火，却没有一个诸侯前来救驾，最终周幽王被敌军杀死了。

古时候的人们为了保护自己的都城，会在防守都城的要塞建造很多的烽火台，每座烽火台相隔一段距离。当敌军来袭的时候，首先发现的哨兵会立刻点燃烽火，其他邻近的士兵看到后，会相继点燃守卫的烽火台。各地的军队通过这些烽火，就会知道都城有难，然后纷纷赶来救援。

真实的烽火台

我们平时在电视中看到的长城城台其实大多数都不是烽火台而是敌台，烽火台一般建在能瞭望远方的山岗上，有时不与长城连在一起。

烽火原本是古代敌寇侵犯时的紧急军事报警信号，故事中的周幽王却把它用来取悦自己的宠妃，最终西周灭亡。其实，除了烽火之外，古代还有很多传递信息的方式，比如驿传、旗报、飞鸽传信、灯光、竹信等。

在遥远的远古时期，人们传递信息时只能采用最原始的方式——大声呼喊。

那时的人们如果想要寻找一个人或者和远处的人说话，只能通过发出巨大的声音来实现，因为声音传递的距离有限，这种传递信息的方式只能在很近的距离中使用。

随着时间的推移，人们逐渐驯化了很多动物。其中，马成为主要的交通工具和信息传递工具。根据记载，中国人早在商代就开始骑着马传递消息，这种快速便捷的信息传递方式一直沿用到了清朝。

人们把骑马送信这种通信方式叫作驿传。在古代的道路上，每隔一段距离就设立一个驿站，驿站中有负责送信的马匹。整个送信的过程中，人们可以在驿站中换人换马，保证官府的公文或者信件能够一站一站地传递下去，直到公文或信件传递到终点。

春秋时期，人们又开始采用旌旗传递信息。旌旗主要用于战场上，那时的人们通过旌旗的颜色和图案来辨别对方的军种和实力。在曹刿论战的故事中，曹刿就是通过观察齐军东倒西歪的旌旗判断出齐军的实力，进而成功战胜了齐军。此外，战国时期著名的军事家孙膑也十分善用旗语。

隋唐时期，聪明的人们又想到了飞鸽传信这种有趣的通信方式。当时的人们观察鸽子时发现，鸽子对地球的磁场感觉十分灵敏，并且十分恋家，于是古人就利用鸽子飞得快、会辨认方向等优点，将鸽子驯养成能够传递信息的"信鸽"。人们需要传递消息时，就把信件系在鸽子的脚上，让鸽子将信件传递到接收信件的人那里。

后来，人们又制作出了另外一种通信工具——孔明灯。人们用竹篾扎成方架，然后在方架外面糊上一层薄薄的纸，在方架的底盘上放上可以燃烧的松脂。孔明灯可以依靠热空气飞上天空，经常被当作军事联络信号。相传由于这种灯的外形和诸葛亮的帽子很像，所以人们把称它为孔明灯。

总之，古时候人们虽然没有手机、电脑这些先进的通信方式，但是他们还是凭借着自己的智慧，创造了很多有趣又实用的通信方式。那么在信息发达的时代，人们又研究出来哪些好玩的通信方式呢？别急，让我们继续探索下去吧！

小豆丁懂得多

古时候，不仅人们的通信方式十分落后，他们用来记载信息的工具也十分简陋。最初，人们不会制造纸张，只能在地上、石头上或者树上记载信息。

其中，竹简是在我国历史上使用较早的记载工具之一。据推测，早在商周时期，

聪明的中国人就开始使用竹简记载信息了。到了汉代时期，竹简已经成为一种十分普及的记载工具。

不过，竹简使用起来非常麻烦，而且存放时间长了还会被虫子蛀掉或者腐烂掉。据说，在汉武帝时期，文人东方朔曾经向皇帝上了一个用 3 000 多片竹简制成的奏本，皇帝当时派了两个大力士才将这份奏本抬进宫。这样看来，古代人传递信息的确很不方便。

摩尔斯密码

小豆丁的体验

为了帮助小豆丁更好地理解信息传递，爸爸又讲起了他非常崇拜的科学家莫尔斯。

19世纪中期，美国一位叫作莫尔斯的画家在返回美国的轮船上遇到一位名叫杰克逊的医生。莫尔斯和杰克逊在船上结识后，相谈甚欢。后来，杰克逊向莫尔斯展示了一件神奇的东西——电磁铁。

这件神奇的东西只要一通电就能吸起铁的东西，一断电，铁的东西就会掉下来，莫尔斯对此震撼不已。不仅如此，杰克逊还告诉莫尔斯，不管电线有多长，电流都可以神速通过。莫尔斯听完后，心里产生了无限的遐想：既然电流的速度这么快，那么能不能用电流传递信息呢。

回到美国后，莫尔斯把自己的画室改成了实验室，然后买来了各种各样的实

039

验仪器和电工工具，全身心地投入研究中。

在历经了无数次的失败之后，莫尔斯终于在 1844 年，成功地在人们的生活中应用了这一技术。当莫尔斯成功地在美国的一栋大楼向数十公里外的地方发送了一份电报之后，全世界都为他的发明震撼了。之后，电报很快就在全球流行起来。

19 世纪 30 年代，铁路迅速发展，人们已经可以乘坐火车快速抵达某个地方。但当时的火车有一个很大的缺点，就是很容易受到天气的影响。一旦天气不好，火车很难正常运行，因此，当时的人们迫切需要一种不受天气影响、没有时间限制，比火车跑得还要快的通信工具，用来将天气信息及时传递给火车和铁路管理者。

其实在那时，已经有了发明长距离通信的材料，比如电池、铜线、电磁感应器等，只是人们还不知道如何利用这些材料进行长距离通信。1837 年，英国的库克和惠斯通制造出了有线通信设备——电报，后来经过他们的不断改进，电报发报的速度越来越快。很快，电报就在铁路通信中

发电报的军人

得到了广泛的应用。

但库克和惠斯通发明的电报系统非常烦琐，发报时需要很多根导线才能将信息传递出去，因此使用时比较困难。后来，美国的一位画家莫尔斯发明出了只需要一根导线就可以准确传递信息的编码电报机。

莫尔斯在研究电报的过程中，偶尔观察到线路中电磁感应现象会出现火花。于是，莫尔斯便开始人为地制造有规律的火花，并将规律的不同记为不同的记号，就这样，最原始的编码产生了。

摩斯密码的发明者

摩斯密码其实是莫尔斯的助手艾尔菲德·维尔发明的，只是因为发明密码的工作也是莫尔斯电报系统的一个组成部分，所以后人习惯将密码成为摩斯密码。

莫尔斯的编码大大简化了电报的设计和装置，因此人们把这种编码叫作"摩尔斯编码"，这就是电信史上最早的编码。

人们利用这种编码把信息传递给收报方，收报方就会把电码翻译成文字，然后电报投递员就会把文字信息送到收报人手中。如果收报人想要回复信息，就可以按照同样的路径，将信息传递给对方。

有了这项技术，人们便逐渐建立起了电报传输系统，我们在电视上经常看到

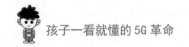
孩子一看就懂的 5G 革命

的"电报局"，就是接收和发送电报的机构。

不过，有线电报有一个很大的缺点，就是信息必须通过长长的线路传递，所以想要信息传递得距离比较远一些还有一定的困难。

例如，收报人在比较繁华的区域，有电报线路的连接，那么从发报到收到电报可以很快完成。如果收报人在比较偏远的地区，电报局还要将电报派人送过去，那么时间仍然难以保证。

于是，人们又开始研究无线电报，要通过无线电波传递信息。1898 年，随着马可尼的无线电装置问世，人们实现了用无线电报传递信息的梦想。通过无线电报，信息传送的双方只要在同一个电报频率内，就可以实现当场通话，从而大大节省了信息传递的时间。

后来，电报被广泛应用于军事方面。当时，人们为了传递重要的军事信息，便开始对电报传递的信息进行加密，密码电报因此产生了。密码电报是用事先制定的密码作为解读信息的工具，用长短不一的"滴答"按键电讯声代表信息。

例如，两个人约定 1 代表"晚上"，5 代表"一起"，6 代表"行动"，然后用电报拍出代表 156 的滴答声。那么即便电报被人截获，对方也只能解读出 156 这个信息，而不知道 156 代表着什么。

虽然随着通信技术的发展，电报已经成为过去式。但是作为一种最传统的通信技术，电报还是有一点用武之地的。比如一些军事应用上也会使用电报机，因

042

为电报机的信息没有病毒和黑客的侵袭，所以一些情况下比较安全。

小豆丁懂得多

摩斯密码其实非常简单清晰，它的编码主要是由"·"和"—"一长一短两个符号组成的。自从摩斯密码发明出来之后，国际上就分别按照 26 个英文字母和 10 个阿拉伯数字编制了国际通用的摩斯密码。

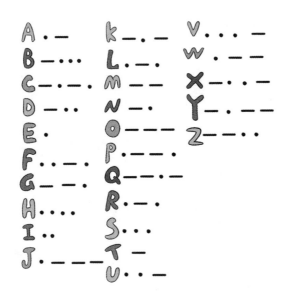

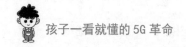

在中国的电码本中，每 4 个阿拉伯数字代表 1 个汉字，只要我们输入相应的阿拉伯数字，就能根据电码本解读出相应的信息。

在战争年代，人们除了使用电报传递信息之外，还经常利用手势、灯光等暗号发出摩斯密码信息。比如 SOS 的摩斯密码为三短、三长、三短。如果利用灯光就是三次短的灯光，三次长的灯光，三次短的灯光。

笨重的第一代手机："大哥大"

爸爸对小豆丁说，科学家有时候和小朋友一样，也会在背地里暗暗较劲，比如发明手机的科学家之间，就有过一个非常有趣的故事。

1973 年 4 月 3 日，一阵阵热烈的掌声从纽约曼哈顿的摩托罗拉实验室传出来。实验室的领导者马丁·库帕兴奋地举着他们的研制成果——世界上第一部手机，激动地向他的团队宣布："我们成功啦！"整个摩托罗拉实验室的研究人员为此雀跃不已。

马丁·库帕随即激动地问道："亲爱的朋友们，我现在就要用这部手机在大街上给一个人打电话，你们猜这个人是谁？"在场的人纷纷猜测是马丁·库帕的家人或者朋友。马丁·库帕却神秘地摇了摇头，高兴地走到曼哈顿的大街上。

在众人的注视下，库帕用这部手机打给了贝尔实验室的一名科学家——尤尔·恩格尔，他是库帕一直以来的竞争对手。库帕拨通电话后，兴奋地用几乎颤抖地声音说道："尤尔，我正在用一个移动电话和你通话。"手机那头的尤尔气得咬牙切齿，没有说话。库帕见自己的目的达到了，开心地挂掉了电话。

无线电报的出现提升了人们传递信息的速度，但是无线电报就像广播一样，属于单向通信。也就是说，我们发送的信息如果没有加密，任何人都可以接收信息。为了解决这个问题，人们开始研究其他的无线通信设备。

这个时期，人们发明了军用步话机以及其他的一些移动电话等通信设备，但这些设备都重达十几公斤，携带非常不方便，很快就被淘汰了。直到 1973 年，马丁·库帕发明了世界上第一个移动电话，也就是我们所说的世界上第一部手机——"大哥大"。

大哥大的发明让人类敲开了移动通信的大门，从此人类进入了第一代移动通信技术时代，简称 1G 时代。在这个开天辟地的时代中，人们到底是怎样利用大哥大实现通信的呢？

大哥大传递信息依靠的是模拟通信系统，就是利用正弦波、脉冲等电流信号模拟原始信号传递信息的一种通信方式。当声音和光等信号进入模拟通信系统之后，系统内的电流就会因为这些信号改变形态，最终形成一种和声音或光类似的电信号，这些电信号就是我们所说的模拟信号。

一个完整的模拟通信系统主要由用户设备、终端设备和传输设备三部分组成，1G 时代的大哥大就已经具备了这三部分相对应的功能。

当我们使用大哥大打电话时，我们的声音会被大哥大转换成模拟电信号，然后大哥大的终端处理系统会将模拟电信号调制成能够传输的信号，最后大哥大再利用传输系统将能够传输的信号发送到对方的大哥大上面。

对方的大哥大接收了模拟电信号之后，会利用自身的终端系统，把模拟电信号还原成我们传递的声音，这样对方就可以听到我们的声音了。

虽然大哥大让人们实现了随时通信的愿望，但是大哥大却是一个“短命鬼”。它只存活了不到 10 年，就被人们淘汰了，其中的原因有很多。

首先，大哥大的抗干扰能力很弱。模拟电信号在沿着线路传递信息的过程中，会受到外界和通信系统内部的各种噪声干扰。这些噪声一旦和电信号纠缠在一起，

就会打得难解难分，通信质量就会变得特别差。

其次，模拟电信号的安全性很差。它传递信息时，周围的人只要收到它发出的模拟信号，很容易就会得到传递的信息，因此使用大哥大时经常会出现串号、盗号现象。

另外，大哥大在技术上还有所欠缺。人们使用大哥大只能接

> **BP 机**
>
> BP 机是一款与"大哥大"同时期出现的传输设备，它能够接收基站传递的呼叫信号，并在屏幕上显示信息，但没有应答功能，所以在手机普及之后，BP 机也告别了历史舞台。

打电话，没有办法发送文字或者图片信息，并且不同品牌的大哥大之间也不能互通电话，所以使用大哥大传递信息有太多的限制。

但大哥大的命运并不能代表通信技术的命运，当大哥大随着时间成为过去的时候，通信技术的长河才刚刚开始。20 世纪 80 年代后期，随着通信技术越来越成熟，人们又开始了新的研究和发明。大哥大后面又会出现怎样的新科技呢？让我们一起来看看吧。

小豆丁懂得多

第一代手机的一个显著特点就是它有着长长的天线，在拨打电话的时候需要把天线拔出来，甚至到了小灵通手机时代，使用小灵通的时候也经常要拔出天线。但是，为什么现在我们的手机上却看不到天线的影子呢？原来，手机的天线是与传输信号的电磁波波长相关的，波长较长的时候，接收信号的通信设备需要较长的天线，而如果电磁波的波长较短，通信设备需要的天线也就相应地缩短。

随着通信科技的发展，在过去几十年里，通信信号电磁波的波长越来越短，通信设备需要的天线自然也就越来越短了。到了 5G 时代，通信设备接收电磁波的天线只需要几毫米长，而科学家又通过设计将其隐藏在了设备中，我们当然就看不见了。

小巧的移动电话：小灵通

爸爸告诉小豆丁，自己小的时候就是一个非常爱科学的孩子。他在小时候读到过一篇科幻小故事，讲的就是未来的通信故事，而故事中的很多东西，今天已经实现了。

从前，有位叫小灵通的记者登上了一艘开向未来的宇宙飞船。这艘船的飞行速度很快，不一会儿就把小灵通带到了未来市。

在未来市中，小灵通乘坐着水滴形状的、没有轮子的汽车飞到了好朋友小虎子的家。小虎子看到小灵通之后非常高兴，用一顿非常奇特的饭款待了小灵通。

吃完饭后，小灵通好奇地在未来市中散步。他发现，街道上没有路灯，但到处都散发着彩色的光芒。原来，未来市的墙壁上都涂上了夜光颜料。最不可思议的是，未来市中的人们已经能够利用"消云剂"和"降雨剂"来控制天气了。

几天后，小灵通乘坐宇宙飞船离开了未来市，并把自己的所见所闻写了下来。当时刚刚进入 2G 时代，由于人们对小灵通的奇妙旅行十分震撼，于是把刚刚发明出来的手机叫作小灵通，以此彰显 2G 时代发达的通信技术。

爸爸讲的小故事出自《小灵通漫游未来》一书，它是叶永烈先生写的中篇科幻小说。20 世纪 90 年代末，人们利用通信技术的数字化革新，发明了更加小巧的手机，然后有一家公司借用叶永烈先生小说中的名称，把自己生产的这个小小的手机叫作"小灵通"。

　　数字移动通信技术的出现标志着通信技术进入了第二个时代，也就是 2G 时代。在这个时代中，人们不仅可以使用手机打电话，还能发短信和图片，甚至还能在手机上玩一些类似贪吃蛇的小游戏。

　　这时，人们使用的通信系统不再是传统的模拟通信系统，而是标准化的数字通信系统。数字通信就是将信息用数字的方式重新编辑，然后对数字进行传递和解码。与模拟通信系统相比，数字通信系统最大的优势就是十分稳定，可以应用到更大、更广、更多的传递场景中去，例如数字通信系统使用的是全球移动通信系统，简称 GSM。GSM 采用的信令和语音信道都是高效的数字信号，这让它可以把信息传递到世界的每一个角落中去。

　　在移动通信系统下，人们传递信息时都需要一定的网络通道，这个通道就是信道。

　　1G 时代，人们使用的通信信道比较少，那时在同一时间和区域内的一个信道，只能允许一个人进行高质量的通话，如果其他设备进入信道，就会发生彼此干扰。在 2G 时代，人们使用的是时分多址技术（TDMA），这是一种可以实现共享传输介质（信道）的技术，它可以允许多个人在不同的时间内使用同一个信道。打个比方来说，1G 时代，大哥大就像上体育课的孩子，可以走出教室自由自在地在老师划定的篮球场玩耍。那时的大哥大十分昂贵，数量很少，所以简单的模拟移动通信系统（老师划定的篮球场）就可以满足这些大哥大。到了 2G 时代，随着"小灵通"等众多小型手机增多，就像很多个班级一起上体育课，这个时候一个篮球场就不够了，也就是模拟移动通信系统已经无法"养活"众多的手机设备了。于是，人们便开发了时分多址技术，把通信频率分成很多份，从而保证小灵通、诺基亚等众多"孩子"都可以有地方，在不同的时间段玩耍。

20 世纪 90 年代中期之后，欧洲、中东、非洲、大洋洲以及亚洲的大部分地区和南美洲部分国家，都采用 GSM 系统进行通信。

由于 GSM 系统的覆盖范围十分广泛，移动电话运营商之间先后签署了漫游协定。从此，GSM 成功打破了第一代手机对地域的限制，移动电话的用户通过手机可以给国外的亲朋好友打电话。因此，GSM 系统的手机在一定程度上可以叫作全球通手机。

不过，GSM 系统虽然很好，但是此时的网络技术还存在很多的漏洞。其中，最大的安全隐患就是很容易造成信息泄露。很多黑客可以在不接触 2G 手机的情况下，直接监听到 2G 手机的短信、语音内容。因此，GSM 系统还是有很多需要改进的地方。随着科学技术的发展，人们的通信技术也将会不断进步，我们的通信也会变得越来越安全。

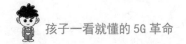

小豆丁懂得多

20 世纪 80 年代，我国的通信市场曾经经历过一段"七国八制"时期。在这段时期，我国手机市场上一共有来自 7 个国家的 8 种手机。这 8 种手机的品牌分别是日本的 NEC 和富士通、美国的朗讯、加拿大的北电、瑞典的爱立信、德国的西门子、比利时的 BTM 和法国的阿尔卡特。

20 世纪 90 年代中后期，华为技术有限公司主导研发了 GSM 网络，我国拥有了自己的 GSM 网络。

当时，华为的一位领导下定决心要发展 GSM 网络，华为在他的带领下一路迎难而上，最终成功研制出了华为的 GSM 产品。

随后，我国逐渐在此基础之上建立起了全球最大的单一 GSM 网络、全球最大的 3G 网络、全球最大的 4G 网络，从此我国的通信技术登上了国际舞台。

能上网的手机

　　小豆丁最近很苦恼，因为它的哥哥最近喜欢上了网络游戏，都好久不来找他玩了。这天，小豆丁非常想念哥哥，于是决定去哥哥家一探究竟，去看看让哥哥着迷的游戏到底有什么魔力。

　　到了哥哥家之后，小豆丁看到哥哥打开电脑登录账号，然后一只粉色的漂亮小企鹅就跳了出来，而且委屈巴巴地看着哥哥说："我饿了。"哥哥看到后，赶紧用鼠标点了很多食物给小企鹅。喂完小企鹅后，哥哥又兴致勃勃地打开了游戏农场。

　　只见哥哥的农场里面种了许多的蔬菜、水果和花，比如白萝卜、玉米、百香果、大王花等。哥哥登录进去后，一一为地里面的植物浇水、施肥，然后收获成熟的果实，最后将果实卖了出去，收获了很多的游戏金币。

2G 时代之后，人们不仅可以使用手机打电话、发送文字短信和图片，还可以使用手机浏览网页。不过，人类对于科技的追求是没有止境的，人们凭借可以支持高速数据传输的蜂窝移动通信技术，研发出了更快捷的信息传递方式和更多样的信息传递软硬件设备，自此人们进入了更快的 3G 时代。

3G 时代，移动通信技术不仅能够同时传送声音和数据信息，而且速度也比 2G 时代提升了很多倍。2G 时代，人们打开一个文件需要等待好久，而 3G 时代人们已经可以轻轻松松打开图片，甚至可以通过手机实现视频通话。可以说，3G 时代的人们打开了手机上网的大门。

3G 时代中，人们使用的主要是 UMTS 通用移动通信系统，此系统主要运用的是 CDMA（码分多址）技术。CDMA 技术是什么？它和 TDMA 技术有什么区别的？

在地球上我们能够使用的电磁波资源是有限的，为

QQ 软件图标

大家熟悉的 QQ 软件，据说最初的图标是一只又瘦又高的企鹅，后来腾讯公司要做一些小企鹅储钱罐送给客户，但不巧制造商失误把企鹅的身高做矮、体型做胖，没想到却因此获得了客户的好评，于是 QQ 企鹅才成了今天的模样。

了保证每个人都能够有无线资源使用，人们发明了 TDMA、FDMA（频分多址）和 CDMA 等多种技术来分享电磁波资源。

　　如果把无线电磁波资源比喻成一个房间，那么 TDMA 和 FDMA 就是让人们在不同的时间分别进入相同房间内使用这个房间的无线电磁波资源，或者让人们在同一时间内使用不同房间的无线电磁波资源。

而 CDMA 则是让人们同时进入一个无线电子波资源房间，然后为了区分人们的信息，CDMA 给每个人一种独特的语言，比如在这个房间里 A 和 B 说汉语，C 和 D 说英语，E 和 F 说法语……这样只要人们记住自己的专属语言，就不会把信息搞混了。

早在 2G 时代的后期，人们就开始使用 CDMA 技术。到了 3G 时代之后，CDMA 技术已经逐渐成熟。当时，除了美国一直沿用 CDMA 技术之外，其他国家使用的 CDMA 技术一共有两种：一是我国的 TD-SCDMA 技术，二是欧洲的 WCDMA 技术。

TD-SCDMA 技术的全称是时分同步码分多址技术，简单来说，这种技术就是在不同的时间给我们安排不同数据的网络方式。使用这种技术，每个用户都会分配到一个特定的地址码，信息在发送时首先会通过公共信道来传播，等到信息到达接收端的时候，信息就会根据不同的地址码来识别不同的用户。

WCDMA 技术的全称是宽带码分多址技术，这种技术更加详细地定义了手机怎样通过基站通信，怎样调制信号。与 TD-SCDMA 技术相比，WCDMA 技术的速度更快，处理信息的能力更强，能够保障使用同一无线资源人们的通话质量。

3G 时代中，CDMA、TD-SCDMA 和 WCDMA 技术是通信技术的主流，当时我国的三大运营商——电信、移动、联通分别依靠这 3 种技术进行运营。通过这 3 种技术，人们进入了一个快速的通信时代。QQ 社交软件、淘宝购物软件以及其

他手机、电视应用软件层出不穷，人们通过手机看到的世界也越来越大，越来越清晰。

小豆丁懂得多

在 3G 时代，手机已经可以上网和视频通话，但当时用手机上网的人其实并不多，进行视频通话的人更少，原因就是视频通话的质量和成本都让人很难接受。

因为在 3G 时代初期，通信基站的信息传播能力是没有办法满足大量视频通话的需求的，所以进行视频通话的人，往往看到的只能是不断卡住的屏幕，就像看着对方的照片说话一样。而且，那个时候的视频通话费用也很昂贵，在很多地方，双方都用手机进行视频通话的费用甚至超过每分钟 1 元钱，如果进行长时间视频通话，对于当时的人们来说，这笔费用其实是比较昂贵的。

所以，虽然视频通话技术在 3G 时代就已经成熟了，但其实是到了 4G 时代，由于基站传输能力的提升和通信资费的下降，才真正在大众中普及。现在我们用通信商流量包进行视频通话，手机没有丝毫的卡顿，成本也比较低，这不但提高了人们视频通话的兴趣，还让网络直播成为现实。科技的改变真的能够让我们的生活更加丰富多彩。

4G 时代的网络通信

　　小豆丁的妈妈想要锻炼小豆丁的独立能力，于是她教小豆丁使用手机地图的导航系统，然后让小豆丁拿着手机自己去菜市场买菜。

　　小豆丁兴奋地拿着菜篮子出了门，他点开了手机的地图导航系统，并在导航系统中输入了菜场的地址。小豆丁设置好之后，手机就自动提示小豆丁该怎么走。不一会儿，小豆丁就跟着导航走到了菜场。

　　在菜场，小豆丁飞快地买好了妈妈需要的菜。就在小豆丁准备按照原路返回家中的时候，他突然看到菜场附近有一个游乐场，小豆丁心想，"现在还早，不如先去旁边的游乐场玩会儿再回家。"可是，小豆丁刚刚跨进游乐场的门，妈妈就打了电话过来。

　　原来，妈妈在出门的时候已经在微信上打开了位置实时共享功能，当小豆丁走进游乐场的时候，妈妈就知道了小豆丁的计划。最终，小豆丁的游戏计划泡汤了，小豆丁一边感叹导航功能的强大，一边无奈地往家的方向走去。

小豆丁的买菜之旅不仅有手机导航做指引，而且还有妈妈的微信位置实时共享功能做监督。在这个过程中，手机的导航系统和微信位置共享系统就是 4G 时代的标志。

4G 时代，包括手机在内，万物都变得可以连接网络。比如联网后的冰箱会随时监控冰箱里的食材数量是否足够，食材质量是否新鲜等，甚至通过强大的网络，我们还能在遥远的外地控制电灯开关。

4G 时代下的通信技术到底是靠什么来完成的呢？与 3G 时代相比，4G 时代的网络核心技术有着很大的不同。3G 网络主要采用的是 CDMA 技术，而 4G 网络采用的是 OFDM（正交频分复用）技术。

CDMA 技术让很多人可以在同一个区域内共享无线资源，但是随着手机等无线设备的普及，使用无线资源的人越来越多，CDMA 技术已经无法满足人们的通信需求。

于是，人们就发明了 OFDM 技术，这个技术就相当于在拥挤的道路上面又建设了很多座高架桥，这样一来，就可以让更多的人享用无线资源了。

有了 OFDM 这种高架桥之后，人们首先需要认证新的牌照，才可以在 4G 道路上行走。因此，人们发明了 LTE，也就是长期演进技术，它是从 3G 向 4G 演进的主要技术。随后，人们申请了 TD-LTE（分时长期演进）和 FDD-LTE（分频长期演进）两种技术牌照。

简单来说，TD-LTE 和 FDD-LTE 技术都是 4G 时代的通信技术，类似于在"4G 高架桥"上运行的不同的交通规则，这它们唯一的区别就是数据传输的方式不同。

TD-LTE 采用的是时间分离方式来控制信息接收和发送。在 TD 系统中，基站和移动设备是分时间段工作的，基站只能在某个时间段内给移动设备发送信号，移动设备只能在另外的时间内给基站发送信息。

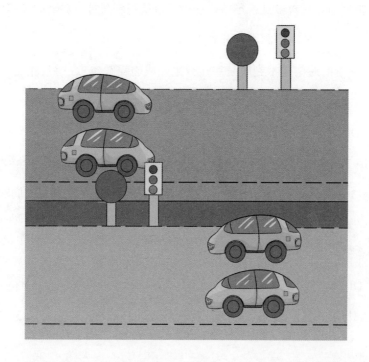

　　打个比方，TD 系统就像生活中的单车道，通过信号灯来控制数据。当绿灯亮的时候，数据可以进入下载状态，下载的车可以行使；当红灯亮的时候，数据可以进入上传状态，下载的车停止，上传的车开始行使。

　　FDD 技术采用的是和 TD 不同的双工方式，它在分离的两个信道上进行接收和发送，从而保护信息能够正确地发送和接收。FDD 就像生活中的双车道，它可以让数据同时进行上传和下载。

　　在实际的应用中，TD 和 FDD 技术各有利弊。TD 技术虽然信道比较小，但是无线资源得到了充分的利用，而且成本比较低，不过 TD 技术下的多种信息共用一条"道路"必定会产生很多干扰。FDD 技术采用的是"双车道"运行模式，所以可以减少信息传输时产生的干扰，并且传递信息的速度非常快。不过，相比之下，FDD 技术的成本比较高，并且很容易造成无线资源的浪费。

　　快速而高效的 4G 时代让人们的生活方式变得越来越智慧，移动支付、视频通话、网上购物、短视频等应用的发展，象征着人们进入了智慧生活。万物联网的背后，4G 时代发展最强有力的支撑就是这些越来越先进的技术。相信随着科技的发展，通信技术会让这个世界越来越精彩。

小豆丁懂得多

我们都知道宇宙中的电磁波是无处不在的，那么我们可以使用的无线资源是不是也是无限的呢？

其实，虽然电磁波取之不尽，但是我们能够用来通信的电磁波是有限的。利用电磁波通信就要占用频率资源，而频率资源就像一条大马路，我们能够用来通信的地方只是这条马路上很小的一块儿地方。

我们的手机、电脑等无线设备能够使用的频率只在 3 Hz ～ 300 GHz 之内，这一范围内的无线资源是非常有限的。而且，为了避免人们对无线资源的滥用，国家会对无线资源进行统一的分配，民用的无线资源在整个国家资源之中只占了很小的一部分。

03 逐渐远去的4G时代

今天的4G网络给我们提供了很多的便利，
但与此同时，我们也期待着更先进的 5G
网络……

移动支付，手机"变身"成钱包

小豆丁的体验

马上要过年了，小豆丁家的气氛十分活跃。每天除了忙着购置年货、布置屋子之外，他们还在为一年一度的微信红包大赛摩拳擦掌。

之前，每到过年的时候，小豆丁的爸爸妈妈、叔叔阿姨们都会亲手包一个大红包，然后互相转送。自从手机微信开启了红包功能之后，大家就建了一个微信家庭群，过年的时候，每个人都会在微信群里发一个红包，让大家去抢。

每次抢完之后，他们都会统计每个人抢的钱数，抢的最少的人就接受家庭的"小惩罚"：请大家吃饭。这不，去年小豆丁家就不幸沦为运气最差的一家。因此，今年的抢红包活动，小豆丁家可算是最期待的。

小豆丁一边看着爸爸妈妈期待的样子，一边心里想着：手机支付原来这么有趣呢，看来今年我们家要拼一拼手气了。

　　移动支付也被称为手机支付，它是指用户通过移动设备（主要是手机）上的支付宝、微信等应用软件支付资金的一种支付方式。移动支付问世之后，我们在网上购物更加方便，这也让我国移动电子商务市场的规模日益增大。

　　相比之前的现金和银行卡支付，移动支付这种快捷支付方式给人们的生活带来了很多的便利。小到买菜、买水果，大到买车、买房，人们都能用一部手机搞定。那么，移动支付到底是怎样实现的呢？

移动支付主要包括四个部分：移动设备（一般是手机）、第三方支付平台、银行和商家。移动设备是消费者持有的支付终端设备；第三方支付平台指的是微信、支付宝等平台；银行指的是消费者使用的银行卡所属的银行；商家指的是负责收取资金的一方。

　　在整个移动支付流程中，

消费者首先会从网上或者超市、市场等现实的购买场景中选择产品或者服务，之后会在手机里选择购买指令。第三方支付平台收到支付指令之后，会告诉商家需要支付的信息。等到商家确认之后，会将商品或者服务交给消费者。然后，第三方支付平台会将支付信息转给银行，银行确认之后，会将资金转给商家的收款系统。

目前，我国的移动支付主要分为两种：一种是近场支付，一种是远程支付。

近场支付就是我们在近距离之内的支付，比如用手机刷二维码坐车，在超市用付款码支付等。远程支付就是通过发送支付指令或者借助支付工具进行的支付方式，比如网上购物、网上团购等。

目前，在支付过程中，人们主要用到的支付工具是支付宝、微信等。这些支付工具最常用的支付方式就是借助二维码进行支付，二维码就是一个移动支付的信息

近场支付与远程支付

近场支付，是指消费者在购买东西时，直接使用手机射频（NFC）、红外、蓝牙等通道现场进行支付的一种支付方式。

远程支付，也叫线上支付，消费者在购买东西时，通过发送支付指令（如网银、电话银行、手机支付等）或借助支付工具（如通过邮寄、汇款）进行的支付方式。

基础。

其实二维码就是一个工具，它里面包含了我们的各种信息。它相当于现代科技化的身份证，比如火车票上的二维码就包含了我们的姓名、性别、身份证号、到达地等信息。

我们通过支付宝或微信的付款二维码支付时，二维码上除了包含我们身份的基本信息之外，还包含支付宝或微信添加的支付结算信息，即我们在支付宝或者微信上面的账号信息。

进行交易时，商家扫描我们的付款二维码，之后二维码首先会读取商家传来的账单信息，就是我们到底该付多少钱，然后再从账户余额或者绑定的银行卡上面扣除该付的钱，商户收到银行的结算信息后就会出具交易的小票。

你看，用手机支付多么方便。但便捷并不代表着绝对安全。支付过程还存在一定的风险，比如账号被盗或不法分子利用账号进行诈骗等。因此，为了保护我们的财产安全，平时我们使用手机支付时也一定要加强防范，给他人转账时最好当面确定对方的身份，小朋友在进行支付时则一定要在家长的监督下进行。

小豆丁懂得多

随着我国移动支付市场的发展，我国成为世界上移动支付最为便捷的国家。现在我们出门时只需要一部手机就可以解决 90% 以上的支付问题，比如水电、燃气、看病等都可以使用移动支付。不过，在其他一些国家，移动支付方式并不盛行。

一是因为这些国家的信用卡支付非常便利。在一些国家，不管是大型的超市还是街边的小卖部，都可以使用信用卡支付，用惯了信用卡的人，不愿意再进一步使用移动支付。

二是因为移动支付的成本较高。如果想要普及移动支付，必须要发行大量的带有各类功能和综合服务的银行卡，而发行这些银行卡的成本是非常大的，并且发行这些银行卡之后，国家不能保证人们都在这些卡里面存钱，所以很容易造成银行亏损。

视频通话，看到远方的爷爷

寒假到了，小豆丁想去海南看爷爷，但爸爸妈妈工作都很忙，没办法带他去海南，小豆丁很伤心。

爸爸妈妈看到小豆丁闷闷不乐，就拿出手机给爷爷发起了视频通话。不一会儿，爷爷就接通了视频通话。

小豆丁看到了手机屏幕上的爷爷开心极了，爷爷看到小豆丁之后也笑得合不上嘴。

爷爷一边笑一边对小豆丁说："现在的手机真神奇，之前在这么远的地方我都没有办法看到你，现在一部手机就可以轻松搞定了。"小豆丁也觉得视频通话很神奇，让他可以轻轻松松看到远方的爷爷。

移动视频通话，是通过手机（或其他移动设备）实时传送语音和图像的一种通信方式。如果将普通电话比作"顺风耳"的话，那么移动视频通话就是"顺风耳"加"千里眼"了。

通过前面的介绍，我们已经了解普通的语音通话是如何传输信息的，那么移动视频通话又是怎样传递信息的呢？

其实视频通话和普通通话一样，都是手机接收到信息之后，将信息转换成电信号，然后通过无线电波将信息传递到天线或者基站，最终将信息发送到对方的手机上，对方手机经过解码之后就能听到我们的声音，看到我们的图像。

早在 3G 时代，人们就可以使用 3G 手机进行视频通话，但是当时的技术还不成熟，所以视频通话非常容易受到外界环境的干扰，出现网络卡顿、掉线等现象。4G 时代之后，各方面的技术越来越成熟，视频通话的质量也越来越好。

现在 4G 手机之所以能流畅地完成视频通话，主要是因为手机的传输系统、视频解码系统以及声音、图像的处理系统的技术都比较成熟了。

首先，视频通话时，手机需要有传输协议才能将信息传达到对方的手机上。

在 3G 时代，人们使用的手机传输协议是 TCP（传输控制协议）协议，这种协议只是为普通通话设计的，所以在视频通话时传输很慢，人们在视频时，对方说出的话和动作要过一会儿对方才能听到和看到。

而在 4G 时代，人们的手机普遍使用的是 UDP（用户数据报协议）协议，这种协议天生就是为视频通话而生的，它有专门的视频通话传输通道，即使在网速很差的环境下也可以做到流畅通话。

其次，当我们通过视频通话时，需要使用手机的视频编码系统将声音和图像信息转化成电信号，对方收到信号后需要通过视频编码解码之后才能收到我们的声音和图像。

在视频编码的选择上，4G 手机采取的是比 3G 手机更先进的系统。它有效地避免了旧型号手机编码速度慢，一进行视频就发烫等问题，并且还可以适应比较差的网络环境。

再次，手机还需要抗干扰系统。现在的手机之所以在嘈杂的环境下，也可以将声音和图像录入得很清楚，就是因为手机中存在很好的抗干扰系统。

在声音和图像的传输过程中，4G 手机存在的滤波器会帮助我们进行降噪处理，把周围乱七八糟的声音全部去除掉，只保留我们说话的声音。现在 4G 手机视频通话还具有美颜、贴纸等多种功能，我们在视频时，可以利用这些功能将我们的画面调制得更加美观。

从古代纸短情长的书信方式，到神秘的摩斯编码电报，再到千里传音的电话，在时代的变迁中，通信技术一直飞速前进，不断地为人类带来更加先进的沟通方式。而在这个发达的 4G 时代，视频通话技术就是全世界沟通的桥梁，让世界各地的人们都可以通过手机进行面对面地交流。

小豆丁懂得多

很多人的手机上方都有一个"HD"的标志，你知道这个标志是什么意思吗？

HD 其实是手机的 VoLTE 功能，它是一种手机传输数据的技术，意思是高清语音通话，它是 4G 时代出现的一种新功能，开启这种功能之后，我们能够用手机一边打电话一边上网。

打个比方，这种技术就是在数据车道上再重新开辟一条语音车道，并且两者的传播速度一样快。我们使用手机的时候，这两种车道可以互不干扰地分别传输数据和声音，因此使用这种技术我们就可以轻轻松松地一边打电话一边上网了。

网络短视频，每个人都能成为网上的主角

小豆丁的体验

周末到了，十分无聊的小豆丁看到妈妈在玩抖音，于是凑过去和妈妈一起看小视频，只见，小视频上正播放一个有趣的故事。

淘淘是学校出了名的调皮蛋，同学们都十分讨厌他。这天，小卖部的老板叫住了淘淘，说淘淘偷了一个面包。大家听到后深信不疑，都开始指责淘淘。这时，淘淘的班主任过来了，他说："我坚信，我的学生不是那种人。"淘淘摸了摸藏着怀里的面包，忍不住哭了。

后来，淘淘回小卖部去补面包的钱，小卖部的老板告诉他，他的班主任已经把钱付了。淘淘听完感动极了，决定以后一定要做个好孩子，不让他的班主任失望。

小豆丁看完视频感动极了，觉得那个老师太伟大了。

近几年，抖音、快手、微视等短视频应用软件层出不穷，除了故事中小豆丁看到的暖心故事之外，这些短视频应用还会发布美食、美妆、情感、生活等多种内容。很多人都对这些短视频应用非常上瘾，在坐公交、等地铁、午休等空闲时间，一打开短视频应用就会刷得停不下来。

其实早在 2011 年的时候，我国就已经出现了一些短视频应用软件。不过，当时的通信技术还不够成熟，手机上网的速度还比较慢，所以短视频应用并没有真正地发展起来。

直到 2013 年 8 月，微博应用推出了一款秒拍产品。这款产品利用比较炫酷的主题、智能变身效果和各种特效，变身成人们的文艺摄像师。这个特殊的"摄像师"

不仅可以让人们在 10 秒以内拍出大片的感觉，而且还可以随时观看众多明星分享的小视频，一时成为人们的"宠儿"。

后来，抖音、快手、美拍、小咖秀等多种视频应用席卷而来，越来越多的人开始对短视频应用欲罢不能。那么，短视频为什么可以迅速崛起呢？

一是信息碎片化。4G 时代的到来让人们的生活节奏变得越来越快，人们的空闲时间也变得越来越碎片化，之前以文字为主的信息时代已经悄然离去。短视频能在短短 1 分钟内传递很多的文字、图片、视频信息，刚好迎合了 4G 时代的快节奏，所以变成了人们碎片时间中的"宠儿"。

为什么短视频这么流行？

1. 现代人的空闲时间越来越碎片化，短视频能在短时间内传递很多信息。

2. 短视频的内容新鲜有趣。

3. 短视频能带来很多收益。

二是内容新鲜又有趣。随着网络速度的不断升级，我们获取信息的速度越来越快。而在 21 世纪，最吸引人的就是娱乐化的趣闻。短视频正是抓住了人们的需求，用非常有创意和观赏性的简短视频来打动用户，引起人们的共鸣。

三是具有传播价值。就像前文中的故事一样，小豆丁被抖音中的故事深深感动，短视频就是利用社交网络向人们传递各种社会价值。通过人们的各种分享，人们在短视频中看到了一个更加丰富多彩的世界。

除此之外，短视频的传播价值非常大。利用短视频的传播，服装、食品等多种行业获得了更多的用户。比如快手的一个博主，在快手发布了两段 19 秒的"太

空冰激凌"视频之后。短短的一下午时间内，这个短视频被播放了 120 万次，博主成功销售了 900 份冰激凌。可见，短视频的力量非常强大。

　　快速崛起的短视频是一种不可或缺的传播方式，通过短视频，人们不仅随时关注着这个世界，还以更快的速度了解这个世界。 4G 时代下的短视频已经成为人们的家常便饭，那么到了 5G 时代，短视频又会发展成什么样子呢？让我们一起拭目以待吧！

正在拍段视频的人

小豆丁懂得多

有一部分人认为短视频只会给人们带来危害，这种说法真的正确吗？

短视频的确已经深入人们的生活，也让一部分人沉迷其中，浪费很多时间，但并非所有的短视频都是不好的。除了娱乐、美食、生活视频之外，短视频也涵盖了教育方面的内容，不少人还提出了短视频＋教育的一些设想。

比如百度百科中的秒懂视频就通过幽默的情节和有趣的游戏动画来为小朋友讲述一些科学知识。这种短视频可以将知识有趣地呈现出来，既比图片生动有趣，还有助于小朋友理解和记忆。

随着人工智能的发展，越来越多的硬技能将会被取代，未来的短视频或许不仅仅是人们的娱乐方式，还是人们最重要的教育方式。

网络直播，在家上网课

小豆丁的体验

1978 年 1 月 1 日，《新闻联播》正式开播。北京电视台用仅有的两台电子新闻采集设备录制新闻影片，完成了第一次全国新闻联播。而著名的主持人赵忠祥老师成为节目开播以来的第一位出镜播音员。

从此，《新闻联播》成为我国一档风雨无阻的现场直播节目，每天下午的 7 点到 7 点半这 30 分钟，成为人们了解中国的直接窗口。而一代一代的主持人也在一场场的新闻联播中展露英姿。

早在 20 世纪中期，人们就可以通过电视观看节目直播，其中《新闻联播》是人们最熟悉的现场直播节目。进入 4G 时代之后，我们不仅可以从电视上获取某个现场发来的最新动态，而且还可以通过网络随时随地观看现场直播。

新闻发布会、体育比赛、周年庆典、结婚庆典等内容，只要我们具备网络都可以实时直播。这些通过网络实时播放各种内容的方式就叫作网络直播。4G 时代下的网络直播十分发达，关于直播的视频应用也数不胜数。

网络直播不同于简单的视频通话，视频通话只需满足两个人之间的数据传输，而网络直播则需要让所有人都可以看到现场的内容，所以它对通信技术的要求更高。网络直播要想把现场的画面实时地传递给大家，需要经过很多流程。

通常一个直播包括以下几个过程：数据采集、数据编码、数据传输、解码数据、播放显示等。在整个直播播放的过程中，网络直播需要运用编码工具、服务器、网络、播放器等多个部分。

首先，直播人员需要手机、电脑等可以直播的工具。直播人员进行直播时，手机和电脑的服务器会把直播人员的视频收集起来，然后再通过 CDN 系统将视频分发到全国各地人们的手机、电脑等终端设备上。

整个直播系统中最核心的技术就是 CDN 系统，它又叫内容分发系统，就像一个手脚麻利的快递员。CDN 系统在传输数据的过程中，会避开互联网上可能会影响数据传输速度和稳定性的外界干扰，保证可以将直播内容稳定、快速地传播到全国各地的终端设备之上。

当然，为了保证直播人员和直播场景的美观，直播人员还会使用一些美颜工具和图像处理技术来修饰直播视频。在这一点上，直播人员主要依赖的就是手机的像素功能和拍照技术。

我们在直播过程中还可以在聊天室中聊天，就是应用了即时通信系统。它是一个实时通信系统，它可以允许两个人或者多个人使用网络，实时地传递文字消息、语音和视频等。

网络直播中最重要的就是手机或者电脑的服务器了。所有的直播视频都是依靠网络来进行的，如果网络不好，那么直播的效果则会大大降低。尤其是在晚上进行直播时，对网络的要求会更高，因为晚上大部分的人都会用到网络。这时，要保证网络稳定，就需要手机、电脑等终端设备的服务器保持足够好的状态。

4G 时代的通信技术已经非常先进，人们使用的手机系统也越来越强大。网络直播之所以得到蓬勃发展，就是因为 4G 时代下的网络速度快，硬件设备先进。

根据专业人士透漏，5G 时代中的网络直播技术会更加先进。那时候人们还可以利用 VR 技术，在网络直播中看到的主播就会像真实存在我们身边的人一样。

小豆丁懂得多

网络直播给人们带来很多乐趣的同时也给直播人员带来了可观的收入。那么，网络直播到底是怎样营利的呢？

网络直播营利的方式主要有 3 种：广告带货、生活分享、知识讲解。

广告带货就像之前的电视购物节目，不过它是在直播中展示商品，从而吸引用户购买商品，比如现在淘宝上的直播就是典型的广告带货。

生活分享就是通过向用户展示唱歌、跳舞等才艺来获取用户的打赏，然后将打赏的金币换成现金的直播方式。

知识讲解则是通过直播分享各种知识，常见的有科普知识、生活小窍门、游戏讲解、烹饪教学等。

更强的未来，4G 也会成为历史

随着 5G 技术的推进，有很多人表示 4G 手机的网速开始变慢，这是因为 5G 网络的出现让人们的研究对象发生了改变。5G 时代开启后，人们都致力于建设 5G 网络的基站，而忽略了 4G 网络的基站。

但是目前使用 4G 网络的人还是很多，并且用户人数还在不断地增长。这时，现有的 4G 基站就无法满足人们的需求，因此很多人会感觉到 4G 网络越来越慢。那么，按照这个趋势下去，4G 网络会不会也像 1G、2G、3G 网络一样，逐渐被人们淘汰掉呢？

4G 时代下的人们在享受着便捷网速的同时，也在加紧研究更加快速的 5G 网络。

通信技术永远都是在不停地发展的，即将到来的 5G 时代其实就是 4G 时代的一个延续。那么，4G 时代的通信技术有哪些需要改善的地方呢？

一、标准多

3G 时代的手机网络通常可以在全球范围内通用，但是每个国家的 3G 网络标准不一样。比如美国使用的是 CDMA 标准，中国使用的是 TD-SCDMA 标准，欧洲使用的是 WCDMA 标准等，这些通信系统之间不能和平相处，所以使用 3G 手机进行国际交流还存在一定的麻烦。

即便后来进入 4G 时代，4G 手机的网络标准也不是唯一的。虽然很多人都希望 4G 网络可以拥有统一的国际标准，但是世界各大通信厂商却为此一直争论不休，

因为使用别人的标准就意味着按照别人的规则行事，那么自己就有可能丧失主动权。

二、技术难

无线网络的传播很容易受到外界因素的影响，房屋、住宅楼和其他的障碍物都会影响无线网络的传播，4G 网络也不例外。当我们在住宅楼比较隐秘的地方，或者比较偏僻的地方上

网时，总会感觉到网络不稳定，甚至时有时无，就是这个原因。

另外，我们现在使用的通信系统是蜂窝移动通信系统。虽然蜂窝移动通信系统中每个网络区域之间像蜂巢一样密集，但是当我们拿着手机从一个基站转移到另一个基站的时

不同时代的网络标准

2G时代的标准只有GSM。

3G时代的标准有中国的TD-SCDMA，美国的CDMA，欧洲的WCDMA等标准。

4G时代的标准有FDD、TDD。

5G时代的标准只有3GPP系的5G标准。

候，还是会出现断网、网络不稳定的现象。

三、容量限制

虽然 4G 网络的速度比 3G 网络提升了很多。但 4G 网络的使用并不是没有限制的。每个 4G 通信区域内都有一定的容量限制，也就是说每个地方的无线网络资源也是有限的。有限的网络系统中，使用 4G 手机的用户却越来越多，这样就会导致 4G 网络的速度越来越慢。

四、设备更新慢

通信技术和通信设备是同时发展的，如果提高通信技术，必须也要研发能够

匹配先进通信技术的通信设备。这就相当于如果想要装更多的水，就要换一个更大的桶。而实际上，4G 时代使用 4G 网络的人越来越多，但是网速更快的 4G 手机却更新得相对较慢。

在通信技术的发展过程中，从来都是新产品淘汰旧产品。虽然 4G 时代中，还有一部分人在使用 2G 和 3G 通信设备，但是绝大部分的人已经淘汰了这些旧产品。

同样，一旦进入 5G 时代，4G 设备的命运也会和 2G、3G 产品一样，慢慢在通信技术的新时代中消失。而拥有更大容量、更快网速和更低时延的 5G 网络则会逐渐遍布全球。

通信专家推测，5G 时代中的 5G 网络不仅会应用于通信中，更会应用到无人驾驶、医疗、工业等领域，这样看来 4G 时代终究会成为过去，5G 时代终究会到来！

小豆丁懂得多

无线通信就是利用电磁波进行通信，而电磁波具有不同的频率，每种频率的电磁波都有它的特定用途。比如频率比较高的电磁波——伽马射线可以用来治疗肿瘤，它的杀伤力非常大。

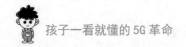
电磁波的频率可以分为甚低频、低频、中频、高频、甚高频、超高频等阶段。手机通信利用的就是中频到超高频这个频段的电磁波，而 4G 时代中的 4G LTE 技术标准使用的是特高频和超高频的电磁波资源。

电磁波的频率越高，我们能够使用的频率资源也就越来越丰富，信息传输的速度也就越来越高。如果把频率比作一辆载货车，那么频率资源就是车厢。电磁波的频率越高就代表着这辆载货车的车厢越大，它能够装载的信息也就越多。

04 什么是5G

5G 到底是什么？它有哪些更加先进的地方？它为什么会取代 4G？让我们一起来寻找这些问题的答案吧！

5G 到底是什么

周末一大早，小豆丁的爸爸妈妈就把小豆丁叫醒了，还十分神秘地告诉他，今天要去一个非常好玩的地方。小豆丁于是早早起了床，心里不禁对这个神秘地方感到好奇。

爸爸驱车走了好久，才把车停在了一个叫"活水公园"的地方。小豆丁看到这四个字，心里想着，不就是一个公园嘛，有什么好看的。小豆丁的爸爸妈妈看穿了小豆丁的心思，微笑着把他拉进了公园。

进入公园之后，小豆丁和爸爸妈妈都带上了一副 VR 眼镜。小豆丁在 VR 眼镜中看到了整个公园的景色，并且还可以自己选择不同的场景漫游。小豆丁兴奋极了，原来在公园内不用走动就可以感受到绿水青山。

体验完 VR 眼镜，小豆丁又被爸爸妈妈带到了岸边。只见水中央有一艘 1 米多高的船。这艘船上空无一人却能自己行走，小豆丁对此好奇不已。听爸爸说这是一艘无人智能船，它能够轻松识别桥下、陡岸、丛林等环境，自己巡河。爸爸还告诉小豆丁，无人智能船和 VR 眼镜利用的都是 5G 技术。

小豆丁听完，心中疑惑起来，5G 是什么呀，为什么它能做出这么多神奇的东西呢？

5G 是什么？相信看完上面这个故事的你和小豆丁会有相同的疑问。谈起 5G 时，很多人都认为，5G 就是比 4G 多了 1 代，用它比用 4G 看视频、玩游戏速度更快。其实，除了这些，5G 的厉害之处还有很多。

相比 4G 而言，5G 的独特之处还在于它的三大特点：网速快、低时延和物联网。

首先，5G 采用的是最新的无线通信技术，它的网络速度是 4G 网络速度的 10 倍以上，它的下载速度有时甚至达到了每秒钟 5.5 GB。举一个例子，4G 时代我们在手机上下载一部电影可能需要 5 分钟，而 5G 时代下我们下载一部电影只需要 1 秒钟。

不仅如此，5G 还可以满足我们对虚拟现实应用的要求。5G 网络能够支持更加高清的实时传输，给我们带来更好的画面感，让我们在看视频时可以看到更加立体的人物形象，如同身临其境。

其次，5G 采用的是网络切片技术和移动边缘计算技术。通过这两种技术，5G 将网络数据传输时延降低到 1 毫秒，也就是 0.001 秒。我们利用 5G 网络进行通话，

就像面对面通话一样，我们说的话和做的动作都可以在 1 毫秒之内传输给对方。

除了视频通话之外，5G 的低时延技术还大有用途。5G 网络的高可靠低时延连接，可以让无人驾驶车辆、远程手术、远程工业控制这些事情都变成现实，让我

们的生活变得更加的智慧。

再次，就是 5G 的物联网功能。早在 4G 时代，人们就进入了万物联网的时代，比如冰箱、电视、空调等电器联网之后，我们就能远程控制这些家电，随时了解到它们的相关信息。

5G 网络下的万物联网不再拘泥于家居用品这一片小小的天地，而是在各行各业中发挥着巨大的作用。比如未来的智能无人驾驶汽车，在外面跑了一天之后，它会自己停到停车位上，然后自己连接充电头，为自己"补充能量"。

再如，我们想要在 4S 店买辆车，不再只能选择 4S 店的指定配置，还可以通过网络挑选自己喜欢的发动机、座椅、轮胎等。当定制完成后，4S 店的定制系统会以最快的速度，调集配件，进行组装，然后将汽车送到我们手中。

5G 网络的万物联网要打造的是智能制造、智能城市和智慧农业等智能时代。随着这些技术的快速发展，我们的生活方式将会发生翻天覆地的变化。

总而言之，5G 就是一场时代的变革，它以更加先进的通信技术为主要力量，从人与人的连接延伸到万物之间的连接，从个人和家庭延伸到社会上的各个领域。

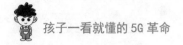

小豆丁懂得多

"5G"其实只是第五代移动通信技术的"小名",它也有自己的"大名"(法定名称),叫作 IMT-2020。这个名字是在 2015 年 10 月,国际电信联盟在瑞士日内瓦举办的无线电通信会上正式确定的。

为什么 5G 的法定名称不是 IMT-2015,而是 IMT-2020 呢?

这是因为 5G 标准的制定,一共分为两个阶段。第一阶段发布的是 R15 版本,这个版本确定的是 5G 的人联网功能,也就是说,先满足人们使用 5G 网络的需求。这个阶段在 2018 年的时候就已经完成了。

第二阶段要发布的是 R16 版本,也就是最终的完整版 5G,这个版本的 5G 要做到万物联网。不过,从目前来看,这个阶段的完成时间是 2020 年,所以 5G 的法定名称是 IMT-2020。

5G 频谱，传递信息的"公路"

　　一百多年前，海因里希·鲁道夫·赫兹在实验台上发现了电火花闪烁的微光，从此人类叩开了电磁波的大门。后来，人们在对电磁波的深入研究后发现，电磁波可以分为很多种，并且每种电磁波的用途都不一样。

　　于是，人们将所有的电磁波归纳起来，并把它叫作电磁波频谱。在整个电磁波频谱上，我们用于通信的电磁波只有很小的一部分。除了通信所用的电磁波之外，电磁波频谱还包括红外线、紫外线、伽马射线等各种电磁波。

　　关于电磁波频谱的秘密，全部都藏在一个简单的公式中，这个公式就是 $c=\lambda f$。其中 c 是光速，它是宇宙中的一个基本常量，为 $3\times10^{8}\text{m/s}$。电磁波就是以光速传播的；λ 是波长，它代表的是电磁波在一个周期内能够传播的距离；f

是频率，即电磁波每秒传播的周期数量，它的单位是以赫兹的名字 Hz 命名的。

赫兹（Hz）常用的单位有千赫（kHz）、兆赫（MHz）、吉赫（GHz）。5G 频谱使用的电磁波就是 450 MHz 到 6 GHz 之间和 24 GHz 到 52 GHz 之间的电磁波。

5G 网络在全球高歌猛进的同时，一场 5G 频谱的战争也随之打响了。俗话说"巧妇难为无米之炊"，电磁波频谱就是通信技术赖以生存的"大米"。通信战争中没有足够优质的电磁波频谱，5G 技术就没有施展手脚的地方。

5G 时代，人们对通信网络的需求总共有 3 个：一是闪电速度，网络的速度最快可以达到每秒几个 G；二是万物互联，每平方公里可以连接上百万个设备；三是超可靠低延迟，上网时既不能出错，网络时延还要在 1 毫秒之内。

如果想要达到上述目标，5G 网络就必须占据两个频段的电磁波资源。一方面 5G 必须要有比 2G、3G 和 4G 还要低的频段，因为低频段的电磁波可以连接很多物联网设备，并且保证 5G 网络的时延非常低。另一方面 5G 还要有比较高的频段的电磁波，因为高频段的电磁波传播速度非常快，可以保证 5G 网络达到闪电速度。

5G 网络使用的电磁波有 FR_1 和 FR_2 两个频段。FR_1 对应的电磁波频率范围是 450 MHz ～ 6 GHz。简单来说，FR_1 的电磁波就是低于 6 000 MHz 的电磁波，这段电磁波中把 2G、3G 和 4G 所用的电磁波都包括在内了。

FR_2 对应的电磁波频率范围约为 24 GHz ～ 52 GHz，这段电磁波中含有一部分的毫米波（毫米波指的是 30 GHz～300 GHz 之间的电磁波）。毫米波的特点为超大带宽，也就是说电磁波的道路非常宽。在超大带宽的电磁波范围内，可以容纳更多的通信设备，并且通信设备的上网速度也非常快，5G 时代达到每秒 20 G 网速的梦想就是由此得来的。

5G 为什么要使用两个频段？

因为公式

波长 × 频率 = 波速，

当波速不变的情况下：电磁波的频率越低，波长就越长，覆盖能力就越强，这样就可以连接更多的设备；电磁波的频率越高，虽然波长变短，但单位时间携带的信息却增多了，网速也就变快了。

在上文中我们已经说过了 4G 网络采用的是 TD 和 FDD 模式，而 5G 时代的网络除了 TD 和 FDD 模式之外，还有两个比较神秘的模式，它们就是 SDL 和 SUL 模式。5G 网络为什么会出现这两个奇怪的东西？它们到底是哪路神仙呢？

SDL 和 SUL 都是一种辅助频段，它们的主要任务就是辅助手机传输信号。打个比方来说，在空旷的野外，如果有两个人在互相说话，有一个能让他们听到彼此声音的最远距离。

显然，这个距离是由说话声音较小的人决定的。因为即使说话较大人的声音传递得很远，但是他不一定听得到说话声音小的声音，所以两个人还是无法对话。其实我们的移动通信也是这个道理。

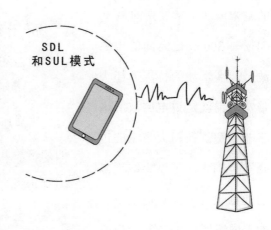

一般基站接收的电磁波很多，手机接收的电磁波非常少。怎样让基站和手机能够互相传递信息呢，这就要借助 SDL 和 SUL 进行配合，让手机的信号传播距离变得更远，从而成功接收到基站的信号。

小豆丁懂得多

我们耳朵能够听到的声音是有频率范围的。通常，正常的年轻人可以听到的频率范围在20～20 000赫兹，随着人们年龄的增长，可以听到的频率范围会变得越来越窄。

28 岁时，人们可听到的频率范围为 22 ～ 17 000

赫兹；40 岁时，人们可以听到的频率范围为 25 ～ 14 000 赫兹；60 岁时，人们可以听到的频率范围为 35 ～ 11 000 赫兹。

根据美国疾病控制与预防中心调查表明，音量超过 85 分贝的时候，有可能会造成听觉疲劳；当音量在 110 分贝的时候，可能会造成不可逆性听力损伤。在我们的生活中，摇滚音乐会、警笛声等多种声音都超过了 110 分贝。

为了保护我们的耳朵，我们应该尽量避免经常在噪音大的公共场合，或者频繁出入高噪声娱乐场所，一旦出现突发性耳聋应当及时就诊。

5G 牌照，5G 商用的准入门槛

19 世纪末，人们开始了使用无线电进行通信和广播。那时的无线电资源还没有人进行管理，所有的无线电设备都可以使用。后来随着无线电设备越来越多，无线电资源开始变得"有限"，出现了大量的电磁信号抢夺资源的问题。

为了能够正常使用无线电资源，各个国家纷纷开始建立无线电管理机制，任何人和单位要想使用无线电，必须要得到国家的授权。之后过了大半个世纪，1G 手机和 2G 手机先后走向历史的舞台。使用手机的用户也越来越多了，这就意味着每个人能够使用的无线电资源越来越少。

有限的无线电资源到底怎么分配才比较公平呢？各国政府为这个问题伤透了脑

102

筋。经过激烈的资源竞争之后，各国政府终于想出了一个好办法，就是将无线电资源进行竞拍，价高者才可以获得无线电资源。

就这样，拍卖便成了世界上主要的无线电牌照分配方式。看不见摸不着的无线电资源成为珍贵的世界资源，需要通过购买才能使用。

世界上最贵的纸是什么？很多人可能会认为是价值上亿的名画，但事实上还有一种纸比名画还要昂贵，它就是移动通信牌照。就在 2018 年意大利 5G 牌照的拍卖会上，5G 无线电资源最终的交易额为 75.6 亿美元，相当于 531 多亿元人民币。

相信看到这个数字，很多人会被昂贵的 5G 牌照震惊。一个移动通信牌照为什么拥有这么昂贵的价格？我国的 5G 牌照也是这样昂贵吗？

从前面的故事我们可以看出，5G 牌照其实就是无线电资源的牌照。简单来说，移动通信牌照就是一张政府颁发的授权书。只有拥有移动通信牌照，才有使用无线电资源的权力。

不过不用担心，我国的移动通信牌照并不像其他国家一样，它是不需要竞拍的。因为我国的通信运营商都是国有企业，无线电资源是国家统一分配的。

在这场 5G 之战中，我国也早早抢占了先机。早在 2019 年 5 月，全球 20 多家企业的 5G 标准必要专利声明中，我国的企业所占比例就超过了 30%。此外，我国已经拥有了 5G 资源的基本条件。中国移动、中国电信和中国联通等运营商已经在

大力部署 5G 网络。

2019 年 6 月 6 日，就在其他国家忙着竞拍 5G 牌照的时候，我国正式向中国电信、中国移动、中国联通和中国广电发放了 4 张 5G 商用牌照。5G 牌照的发放，意味着我国正式进入了 5G 商用时代。

5G 牌照发放后，我国针对 5G 市场制定了 5G 的发展阶段：一是制定 5G 标准，研发 5G 技术和产品；二是分配 5G 资源，建设 5G 网络和完善 5G 政策；三是 5G 的应用和 5G 的未来发展。

中国移动、中国电信和中国联通等在新开辟的 5G 道路上也积极准备着。我国政府将 5G 资源分配明确之后，各大运营商更是马不停蹄地部署 5G 网络。

　　不过，在 5G 时代，只有 20% 的网络资源会被用于通信，其他 80% 的网络资源则会用于物联网。从 VR 到交通、医疗、工业、农业，5G 网络会深入社会的方方面面。所有的东西都将植入芯片，人类会进入一个更加智能的世界。

　　有了 5G 牌照之后，我国就相当于拥有了 5G 网络的基础。随着各大运营商大规模建立 5G 网络，智慧城市、工业互联网等领域很快就会崛起，我们向往的无人驾驶、AI 机器人等智慧生活也会随之开启。

小豆丁懂得多

　　除了三大运营商之外，我国还给中国广电发了一张 5G 牌照，这让很多人感到意外，为什么它也会拥有 5G 牌照呢？

　　与威名赫赫的三大运营商相比，中国广电不仅拥有丰富的有线接入网资源，而且还掌握着发展移动通信的黄金网络频段。此外，在云游戏、车联网等 5G 应用中，中国广电也拥有着强大的内容制作能力。

5G 新基站，更小却更强大

网上曾有关于基站会造成严重辐射的谣言，一些居民深信不疑，小豆丁所在小区的一些居民便是如此。他们为了不让运营商在小区内建设基站，一再对运营商进行阻挠。运营商多次协商安装无果，最终忍无可忍，对小区发出了断网抗议。

运营商发出的公告显示，将取消对小豆丁小区通信设施的投资计划，并拆除小区附近的基站。基站被拆除后，小豆丁所在小区的居民不但没有办法上网，就连紧急电话都无法拨打。

这些居民破坏基站不仅触犯了刑法，还造成自己及附近其他居民上不了网、打不了电话，他们终于了解到基站的重要性，保证以后不再随意毁坏基站。运营商在看到小区居民的悔过之心后，也决定重新建立基站。

近年，一些居民私自损毁基站的事情时有发生。那么，这个基站到底有什么用途呢？它真的会对附近人员造成严重辐射伤害吗？其实在前面的章节中我们已经说过，基站是用来传递信号的。我们的手机之所以有信号，全都是基站的功劳。

基站属于移动通信系统的接入网，一个完整的基站系统由 BBU、RRU 和天线三部分组成。这三部分在信息传输中发挥着各自的作用，它们三个缺一不可。

BBU 的全称是基带处理单元，它是基站中的核心设备。它通常都放在比较隐秘的机房中，一般人是看不到的，其主要作用是处理用户的信息和数据。

RRU 的全称是射频拉远单元，它一般和天线一起挂在高高的铁塔上。在信息的传输过程中，RRU 会接收光纤传来的信号，然后把这些信号转化成高频信号，最后将信号传输给天线。天线就是我们在大街小巷中经常见到的那些电线杆上的电线，它负责将无线信号发射出去。

我们平常看到的基站一般是下页左图这样的，它就像一座高高的铁塔。不过，5G 时代的基站大不相同。5G 基站把基站的 RRU 和天线组合到了一起，变成了一个迷你版的基站。

现在大部分 5G 基站就像装文件的手提箱那么大，可以随意地挂在杆子上或墙上，如下页右边的图所示。甚至，有的 5G 基站小到只有巴掌那么大。

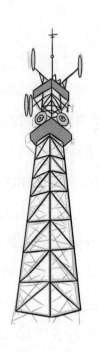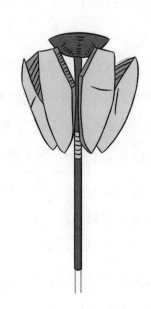

与 4G 基站相比，5G 虽然体积没有 4G 庞大，但是 5G 基站赢在了数量上。4G 基站之所以要修这么大，是因为 4G 使用的网络资源频率是比较低的。如果一个 4G 基站想要覆盖 10 公里内的所有信号，它的信号发射器的功率必须很大。

而 5G 基站是使用频率比较高的网络资源，这些网络资源就像高处的光一样，很难越过障碍物照射到很远的地方。因此，一个 5G 基站只能覆盖几百米的网络信号。如果想要在整个小区或者整个城市内覆盖 5G 网络，就需要建设很多个 5G 基站。

这些迷你版基站的最大特点就是使用了 D2D（门对门）技术。目前我们使用

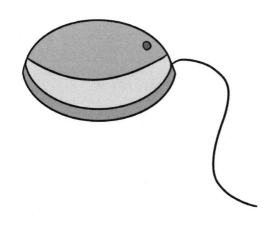

的移动通信网络中，即使两个人面对面打电话，信息都要通过基站进行中转。而使用迷你版基站就省去了不少的麻烦。

5G 时代，同一个基站的两个用户如果进行通信，他们之间传递的信息不再通过基站转发，而是直接从一台手机传输到另一台手机之上。这样一来，就节约了大量的空中资源，并且还有效地减轻了基站的压力。

虽然现在 5G 基站并没有全部建成，但是运营商为了能够让 5G 用户使用到 5G 网络，已经和一些地图应用软件进行了合作。如果我们拥有 5G 设备，就可以在手机地图应用上搜索 5G 网络，手机就会显示距离我们最近的 10 个 5G 基站的位置。

这时，我们所在的地区只要有 5G 基站，那么我们就可以导航到基站附近享受到 5G 网络了。

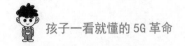

小豆丁懂得多

　　我们在生活中可以看到很多的迷你版微基站，尤其是城区和室内。很多人认为这些基站会对人体造成很大的伤害，这是真的吗？

　　实际上，无论大的还是小的基站对人体健康并没有太大的影响。能够对身体产生影响的辐射要达到 40 微瓦左右，而一个 4G 基站只有 3 微瓦左右，不会对人造成辐射伤害。

5G 新系统，给"通信公路"划分车道

小豆丁的爷爷最近有了一份"新工作"：接送小豆丁上下学。起初，小豆丁的爷爷还高兴不已，觉得终于可以每天看到孙子。可这份工作没干两天，小豆丁的爷爷就开始抱怨。

原来，小豆丁的爷爷家距离学校非常远，每次都要坐1个多小时的公交车。如果一不小心遇到交通堵塞，那至少就得2个小时。

小豆丁的爷爷心里想着，十几年前路上的汽车可没现在多，那时儿子开车接自己去城里的时候，真的是一马平川，快得不得了呢。

可现在的马路上，就连公交车都经常被挤得没有地儿，一堆车只能堵在马路上干着急。

堵塞的交通让小豆丁的爷爷困扰不已。其实不仅仅现实生活中拥挤的交通给人造成了很多的困扰，通信系统中的"交通系统"也会如此。

通信网络系统中除了神秘的大脑之外，还有一个承载网。承载网就好比是城市的交通系统，它负责把不同类型和不同需求的信息，如期传达到对应的目的地。

比如大带宽的承载网就像大货车，它负责传递网络直播、在线游戏等信息；时延比较低的承载网就像公交车，负责传递车联网、金融等信息；广联接也就是反应较慢的承载网就像私家车，负责传递智能抄表等信息。

早在 2G 时代，人们的通信业务不是很多，那时的承载网只需要一辆"小汽车"就能搞定人们所有的通信业务。当时的网络通道就像小豆丁的爷爷回想的以前的道路一样一马平川，畅通无阻。

后来随着时代的发展，人们的通信需求变得越来越多。除了基本的电话和短信之外，人们还需要浏览网页、玩游戏、看视频、购物等。为了让这些信息都能正确地传输到指定的地方，承载网开辟了"公交专用道"，也就是传统的 VPN（虚拟专用网络）系统。这样一来，通信网络的普通用户"上班族"可以每天使用"公交车"进行基本的通信了。

5G 时代到来后，承载网需要传递的消息得到了成倍的提升。这时的"公交专用道"经常被其他的大货车或者私家车抢占，已经变得心有余而力不足了。于是，为了保证通信网络的交通系统能够正常运行，人们发明了新的通信交通系统，也

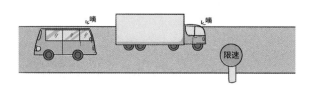

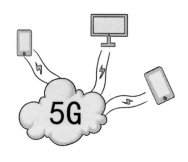

就是 5G 承载网。

5G 承载网运用的核心技术就是网络切片，就是将一个 5G 网络切分成多个虚拟网络，从而让不同的业务信息可以互相隔离并独立发送，最后保证这些信息能够准时传达到对应的目的地。

网络切片不同于 VPN "公交专用道"，它就像一个有轨电车的专属 "车道"。在运送信息的过程中，网络切片可以保证自己承载的信息不受其他信息的影响，一路通畅地传递下去并准点抵达终点。

不仅如此，网络切片还可以随意调整大小，可以满足多种业务信息的传递，并且不会影响正在传递的信息。

5G 网络在进行切片的时候采用的是 FlexE（灵活以太网）技术，这个技术就像是一个全知全能的交通指挥员，切割时如果传递的信息比较多，FlexE 就会先让比较紧急的信息通过。如果遇到合流路口，那么 FlexE 就会让两条道路上的信息排队依次通过。

小豆丁懂得多

承载网就像通信系统中的交通系统，打电话、发短信、刷微博等各种通信业务就是这个交通系统中的车辆。在通信网络中，我们需要实时监测交通系统中的这些"车辆"。

iFIT 就是一个检测神器。它的全称叫做 iFIT 快速插接系统，是一种塑料管的连接系统。iFIT 的特别技能是随流检测，简单来说 iFIT 就是给每辆行驶在通信网络交通系统中的"车辆"安装上一个"行车记录仪"，从而随时随地地检测"车辆"的行驶情况。

使用 iFIT 这个"行车记录仪"不仅可以实时监控到信息传递的路径，保证信息在传递过程不会漏掉，而且 iFIT 还适应各种通信网络通道，可以让信息在传递中畅通无阻，准时送达。

核心网，5G 世界的大脑

爸爸对小豆丁说，大脑是我们人体的重要器官，也是我们一切思维活动的物质基础。它支配着我们人体一切的生命活动，比如语言、运动、听觉、视觉和情感等。科学家们对大脑的研究一直没有停止过。

随着科技的进步，越来越多的技术工具和先进技术手段被应用于对大脑的研究中，人们对人类大脑的认识也越来越深入。

大脑创造的神奇故事让人们惊叹不已，在现实生活中，能够创造奇迹的却不止人类的大脑，比如现在我们要讲的 5G 大脑，就是一个神秘的存在。

这个神秘的大脑就叫作核心网，它是移动通信网络的重要组成部分。移动通

信网络分为接入网、承载网和核心网三个部分。如果将移动通信网络比作成一个人的话，那么核心网就是这个人的"大脑"，所有用户的数据都在这个"大脑"之中。它就和我们人类的大脑一样，控制和管理着一切。

移动通信网络的接入网是窗口，负责收集信息；承载网就是卡车，负责运送信息；核心网这个"大脑"就是管理中枢，负责管理和分拣这些信息，然后告诉这些信息应该何去何从。

核心网能够决定所有用户使用网络的权限。我们使用手机接打电话时，是核心网在从中进行操作；我们使用手机上网时，也是通过核心网才能连接到网络；所有用户手机网络的开和关，也都由核心网负责。

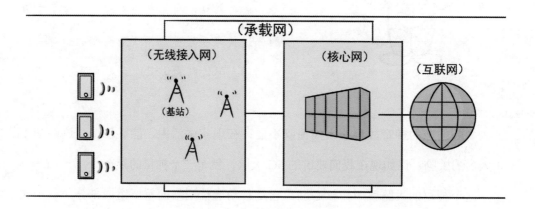

在不同的时代，核心网有不同的设备和架构，1G、2G 和 3G 时代的核心网还比较落后和笨重，4G 时代核心网就变成了虚拟化处理系统，它的服务器就像刀片一样薄。5G 时代的核心网则是 4G 时代的延续，它的"大脑"被称为小型化核心网。

小型化核心网最独特的地方就是，它采用的是 SBA 架构，简单来说就是一种基于服务的架构。SBA 架构的特点就是，把核心网按照不同的功能进行了划分，每个层次负责自己的服务。

如果把之前的核心网比作一个苹果的话，那么 5G 核心网就相当于很多个不同品种的苹果。之前可利用的资源比较少，人们的需求也比较少，所以只"吃"一个"苹果"就可以满足了。随着资源的增加，人们的需求也不断增加。于是"苹果"就变成了多个，有的"苹果"负责接打电话，有的"苹果"负责上网，有的"苹果"负责在线游戏等，每个"苹果"都在自己的岗位上各司其职。

SBA架构优点

1. 减轻负荷。

2. 更加智慧化。

3. 扩容简单，且不影响现有网络的运行。

4. 升级容易。

5. 实现网络的开放能力。

总之，5G 就是一个可以容纳所有用户的网络。而 5G 核心网为了满足所有用户的需求，就把自己模块化和软件化。这样一来，不仅节约了很多的资源，还降低了核心网的维护成本和难度。

现在，5G 的小型化核心网的应用场景已经十分广阔。对于中小型电信运营商来说，小型化核心网的成本和价格很低，有效减少了他们的资金负担；对于一些高校和科研院所来说，小型化核心网有利于他们建设通信实验室，为学生和科研人员提供很多的科研场所。

除此之外，小型化核心网在一些抢险救灾等特殊场景下，也发挥着非常重要的作用。小型化核心网的部署非常简单和方便，如果一个地方发生自然灾害，导致通信网络中断，就可以很快在当地部署小型化核心网，从而保证当地通信的畅通。

未来，随着 5G 网络的发展，很多的 5G 应用都会出现，小型化核心网的需求也会随之大量增加，5G 的神秘"大脑"将会有更大的发展机遇和发展前景。

小豆丁懂得多

核心网中有一个叫作 HSS 的服务器，它是核心网中最重要的一个部分。

HSS 的全称为归属签约用户服务器，通信网络中所有用户的数据信息都在这个服务器里。而我国一个省通常只有 1 套或者 2 套 HSS，这就意味着 HSS 一旦出

了问题，整个省的通信网络都会中断，所以 HSS 影响着几千万甚至几亿人的通信。

　　一些人口比较小的国家之中，它们整个国家拥有的 HSS 都仅仅只有 2 套或 3 套而已。一旦这些国家的 HSS 出现问题，那么它们整个国家的通信网络都有可能瘫痪掉。

　　这样看来，5G 的神秘大脑就像我们人体的大脑一样，一旦出现问题整个系统就会面临着危险，这也是每个地区的核心网都被放在非常重要地方的原因。

边缘计算，让手机通信更高效

爸爸对小豆丁说，人们在 20 世纪发明了电脑。随着技术的进步，电脑从最开始的"大型怪物"，变得越来越小，现在，电脑已经变成了我们可随处携带的掌上电脑。不过，除了体型之外，人们更想研究的是怎么让电脑计算力变得更强。

起先，最简单的办法就是在电脑上加装更多的存储系统和数据处理系统，但一台电脑的空间是有限的，添加的各种系统也是有限的。后来，人们想到了一种更为有效的方法，就是利用更多的电脑一起工作。为了保证每台电脑都会"辛勤"地工作，人们发明了一种计算方法——云计算。利用云计算，人们可以同时使用很多的电脑进行服务，然后快速地完成任务。

现在，我们之所以能够拿着手机刷视频、打游戏、购物等，除了无线接入网、承载网和核心网的完美配合之外，还离不开云计算这样的计算方式。但随着通信技术的发展，人们的通信业务越来越多，整个通信网络系统中必须拥有更先进的计算方式，才能保证更多的信息可以顺利传递。

在手机、电脑等终端设备不是很多的时代，云计算模式可以算得上"很吃香"。但进入 5G 时代之后，移动通信网络需要承载的数据量增大了几十倍，甚至未来还会增大几百倍、几千倍，这时云计算模式就不能满足人们的需求了。

于是，专家就针对 5G 时代提出了一种新的计算模式——移动边缘计算。简单来说，移动边缘计算就是一种非常靠近用户手机、电脑等终端设备的服务，它可以加速各项应用的下载，让用户能有高质量的网络体验。

边缘计算的诞生，就是为了解决如下五点问题。

1. 分布式和低延迟计算。

2. 超越终端设备的资源限制。

3. 可持续的能源消耗。

4. 应对数据爆炸和网络流量压力。

5. 智能计算。

核心网分为 C 面和 U 面两个面，其中 C 面负责建立和管理网络信息的路线，U 面负责分发用户的信息。进入 5G 时代之后，核心网的 C 面和 U 面被彻底分离了出来，专家把 U 面放到了靠近用户网络的一端，使其可以更近地为人们进行服务。

U 面距离人们的终端设备越近，人们的网络速度就会越快。举个例子，日常生活中有很多人都遇到过手机应用出现"404 错误"的情况，这种情况可能就是云计算在运行时出现卡顿、网络不稳定带来的后果。如果我们采用的是移动边缘计算模式，那么边缘计算就会减少网络不稳定对终端设备的影响。

为了能够更好地理解移动边缘计算，我们不妨把边缘计算看作是人体中的脊

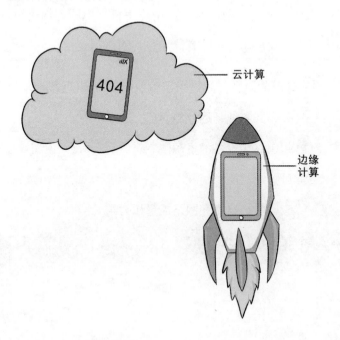

髓。与大脑相比，脊髓最大的特点就是反应速度特别快。比如我们的手指不小心被刺到或者烫到的时候，我们的第一反应就是把手指缩回去，然后才会感觉到疼痛。这是因为当我们受到伤害的那一刻，脊髓能够第一个察觉到手指受伤的信息，做出相应的反应后，才会将受伤的指令传递给大脑，大脑才会知道我们的手指受伤了很疼痛。

移动边缘计算其实就是这个道理，它在运作的时候，能够和脊髓一样快速地对接收到的信息作出反应并进行计算。也就是说，使用移动边缘计算模式，不仅省时省力省流量，而且简单细致效率高。

未来的5G时代中，移动边缘计算这位"C位"出道的"选手"一定会加速5G网络的建设，并广泛应用在各个领域，比如智慧城市、智慧家居、智慧医院、在线直播、智能制造、无人机等各个方面。现在我们要做的，就是拭目以待越来越精彩的时代。

小豆丁懂得多

无线通信技术其实就是往电磁波里面拼命塞信息，然后将信息送出去的技术，而信息在电磁波中经过的传送通道就是我们所说的信道。

然而，电磁波和锅碗瓢盆等容器一样，它的容量是有限制的，也就是说能够

传递信息的信道是有限的。怎样在有限的信道中塞更多的信息，怎样让这些信息传递得更快，就是人们一直在不断研究的事情。

为了达到这一目的，人们先后发明了 FDMA、TDMA、CDMA 等技术。FDMA 就是在同一时间内，让每个用户使用不同的频率，相当于每个人占一条信道；TDMA 是大家使用相同的频率，但是使用的时间不同，相当于大家轮流使用一条信道；CDMA 就是大家使用相同的频率，但是采用不同的码序列，相当于大家混合使用一条信道，但是每个人都有自己的识别码。

05 玩转5G科技

让我们一起去看一看，5G 带给我们的未来 "黑科技"。

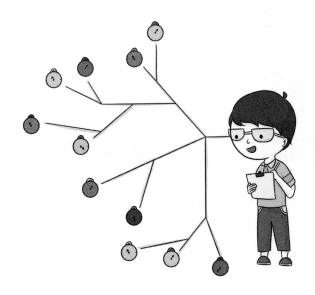

5G 手机中的黑科技

小豆丁最近十分开心，因为他的爸爸妈妈刚买了一部 5G 手机。这部手机不仅外观十分漂亮，而且还有很多的神奇之处。

其中，最让小豆丁兴奋的就是 5G 手机下载视频的速度了。之前的 4G 手机下载一部电影都要好久，每次小豆丁都等得十分着急，而这部 5G 手机的下载速度实在是太惊人了，小豆丁下载一部画质非常好的电影居然只用了几秒钟。

此外，之前的 4G 手机只要看一会视频或者玩一会游戏就会发烫，小豆丁的爸爸妈妈总是担心手机会烧坏。而现在的 5G 手机，使用好久都不会像 4G 手机那样烫，这让小豆丁心中十分欢喜。

5G 时代到来之后，人们最期待的就是 5G 手机的问世了。不过有些人却谣传 5G 手机会因辐射对人体造成伤害，真的是这样吗？

关于这一点我们大可放心，5G 手机使用的电磁波都是在 3 GHz 至 6 GHz 之间，对人完全无害，并且为了降低 5G 手机的辐射，厂家研发的 5G 手机还配备了一个非常厉害的黑科技——SAR。它是一个吸收电磁波的数值，主要用来衡量电子产品对人体是否有影响。

通常，世界各国都会对日常生活中人们 20 厘米范围的电子产品进行 SAR 测试，并作出标准，比如，美国的联邦通信委员会，要求电子产品的 SAR 数值不能超过 1.6。

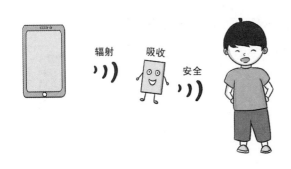

5G 手机作为主要的通信设备也要进行 SAR 测试，在进行了测试之后，5G 手机在运行时还会采用智能的 SAR 解决方案，从而降低手机的电磁辐射。这就是我们要说的 5G 手机中的第一个黑科技。

5G 手机的第二个黑科技就是 5G 的基带芯片。它是手机通信工作的关键，我们用手

机打电话、上网、发短信等，都是通过手机处理系统将指令发送给基带芯片。基带芯片处理完信息之后，会在手机和无线网络之间建立一条通道，我们的语音、短信和上网的数据都会通过这个通道传递出去。

打个比方，基带芯片就像一个语言翻译器，它会把我们发送的语音、视频等信息，转化成制定好的信息格式，然后再把这些信息发送出去。

5G 手机使用的基带芯片是 SoC 芯片，这种芯片的总体性能比上一代的基带芯片提升了 45%。它的数据下载速度提升了好多倍，这就是小豆丁用 5G 手机下载电影非常快的原因。

高集成度的SoC芯片的用处

高集成度的 SoC 芯片的用处很多，比如 Z228（一种高集成度的 SoC 芯片），在可视电话、视频监控中都获得了广泛应用。

接下来要说的黑科技是 5G 的天线设计。对通信感兴趣的小朋友可能知道，之前的大哥大、小灵通等手机都有一根天线，而我们现在用的手机却没有了之前的"小辫子"。这是为什么呢？

随着通信技术的发展，手机通信使用的电磁波频率越来越高。相应的，它们波长却越来越短，所以，接收电磁波的天线也就越来越短。为了让手机更加美观，人们将超短的天线藏进手机里面，所以手机就变成现在我们看到的样子啦。

5G 手机的天线采用的是 MIMO 多天线技术。4G 时代的手机只有 3 到 6 根天线，而 5G 时代的手机则有 10 多根天线。如何把这么多的天线都放到小小的 5G 手机里面，可是一个特别大的难题。

MIMO 多天线技术就是把多根天线排成一个阵列，这种技术大大地增加了通信双方的天线数量，提高了手机的网速。使用这种技术，我们既不用担心 5G 手机的不美观，也不用担心 5G 手机的通信质量。

最后，再给大家介绍一下 5G 手机的散热功能。5G 手机的新芯片给我们带来更多便利的同时，也会让手机产生很多的热量，这些热量很容易导致手机出现卡顿。为了解决这个问题，人们在 5G 手机上面装上了一根冷液散热铜管。这根铜管能够迅速将手机处理器的温度降下来，保证我们的手机能够正常运作。同时，5G 手机还使用了散热性能非常好的复合材料，能够快速散发手机产生的热量。

这样看来，5G 手机中的黑科技还真是不少。随着 5G 时代的发展，相信手机也会带给我们更多不一样的感受。

小豆丁懂得多

大家一定都知道，灯泡在发光的时候，它的光是向四周发射的，所以它能照

亮整个房间。基站发射信号也和灯泡一样，它的信号也是向四周发射的。但我们使用的信号仅仅是某个区域内的信号，这样就会导致大部分的信号都被浪费掉。

如果我们能够找到一只无形的手，把基站散开的信号束缚起来就好了——波束赋形技术就是这双无形的手。

波束赋形技术是在基站上面布设天线阵列，通过对天线上面射频信号的控制，将电磁波束缚在指定的区域内。当天线接收到信息之后，就会准确并快速地将信息发送到指定的手机上。波束之间也不会互相干扰，可以极大地提高基站的服务容量。

NB-IoT 物联网，轻松处理海量信息

周末，小豆丁和爸爸妈妈决定来一场说走就走的自驾游，他们一家早早就开始起床收拾旅行要带的东西。到了 8 点钟，小豆丁和爸爸两个人已经把所有的东西都收拾好了，可是爱美的妈妈还在忙着化妆。

小豆丁和爸爸只好先把东西放进车里，然后在车里等妈妈。过了半个小时，小豆丁的妈妈才匆匆忙忙上了车。于是，一家人兴高采烈地开启了他们的旅行。可是，刚走到一半，小豆丁的妈妈一拍脑门，对小豆丁和爸爸说，家里的空调还没有关。

小豆丁的妈妈不知所措地望着爸爸，不知如何是好。只见爸爸淡定地将车子停在路边，然后拿出自己的手机操作了一阵后就说搞定了。小豆丁好奇地问爸爸

是怎么做到的，爸爸微笑着告诉小豆丁，这都是物联网的功劳。

小豆丁一头雾水地看着爸爸，心里想着，物联网到底是什么啊？它为什么这么神奇呢？

在 4G 时代就有物联网这种技术了，不过 4G 时代的物联网覆盖范围比较小。今天我们要讲的就是一种比 4G 时代还要厉害的物联网，也就是 NB-IoT 物联网。

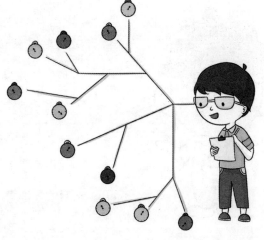

自从物联网进入我们的生活之后，世界各国就建立了很多的物联网技术标准，比如 eMTC、LoRa、Sigfox 和 NB-IoT 等，NB-IoT 就是其中一种物联网技术标准，而名称中的 IoT 就是物联网的意思。

在比较流行的几大物联网标准中，NB-IoT 的竞争力非常大，尤其是我们国家，非常看重 NB-IoT。

对于日常联网来说，人们最关心的就是上网的速度。对于物联网来说，人们最关心的却是它的成本、连接数量和持久性。比如一款智能水表，如果每天都需要换电池，那么维护水表的工人一定很累。

NB-IoT 恰好可以满足人们对物联网特性的需求。首先在功耗方面，NB-IoT 降低了网络速度，采用简化的协议和合适的设计，大大地提高了终端设备的待机时间，有些 NB-IoT 设备的待机时间可以达到 10 年。

其次，NB-IoT 有更好的覆盖能力。就算 NB-IoT 终端设备被埋在地下，也不会影响信号的收发。而且 NB-IoT 的连接数量非常多，以水表联网为例，使用 NB-IoT 标准的联网，每个小区可以连接 5 万个终端设备。也就是说即使这个小区里面拥有 5 万个智能水表，查水表的工人也能轻松地监控每一户用户的用水情况。

最后，也是最重要的就是 NB-IoT 终端设备的价格。虽然物联网技术给人们带来了很大的便利，但是如果每个物联网物品的价格都十分昂贵，人们是消费不起的。而由于 NB-IoT 的通信模块成本很低，所以 NB-IoT 终端设备的价格也比较实惠。

如果把 NB-IoT 当作物联网工人的话，那么这位工人真的是一位吃得少、用得少、干得多的标准劳模了，这也是 NB-IoT 在国际上格外出名的原因。

目前 5G 网络只是完成了人联网的部分，物联网技术还处于建设之中。5G 和 NB-IoT 的关系，更像是主力军和先锋队的关系。5G 的大带宽高速率、低延时和海量连接数这三大特点是 5G 时代的主要部分，而 NB-IoT 则是开启物联网时代的先锋。

5G 时代与过去的 1G 至 4G 时代中人联网技术有着很大的区别，5G 更像一个新开辟的战场，它的主要目的就是寻找和满足物联网的需求，真正开启万物互联的时代。因此 5G 时代的物联网是一场持久战，无论是 NB-IoT 还是其他物联网技术，都需要时间的锤炼和打磨。

NB-IoT 技术应用

NB-IoT 可以在智能停车、智慧农业、智能制造等低功耗广域网领域发挥功效。由于应用场景的特殊，所以这些领域也有高技术要求，NB-IoT 可以很好地满足这些要求，从而支撑物联网向更广大的领域发展。

小豆丁懂得多

很多人在使用共享单车的时候，都有过这个疑问：共享单车是怎么运作的？

共享单车能够完成运作主要依靠的就是物联网技术。单车停放在路边时，会

通过 GPS 系统定期将自己的位置发送给云服务器。当我们通过手机 App 访问云服务器的时候，云服务器就会将周边单车的位置告诉我们。

我们来到单车旁边，用手机 App 扫描单车的二维码，App 就能获取单车的身份编号，然后给云服务器发送开锁信息，云服务器再把开锁信息发送给单车，单车收到信息后就会把锁打开。在骑行的过程中，手机的 GPS 会实时向云服务器上报自己的位置信息。

骑行结束后，我们手动把智能锁锁上，单车检测到锁车成功后，就会给云服务器发消息，云服务器计算好费用后发给手机 App，我们打开手机 App 就可以查看到。

消失不见的手机卡

　　小豆丁最近十分开心，因为他的爸爸给他买了一个智能手表。这款手表不仅能够查看时间，还可以给爸爸妈妈打电话。小豆丁戴着这块手表去上学，班里很多同学都对这块智能手表好奇不已。

　　这天，班上的一位同学一边看着小豆丁的手表，一边好奇地问他："为什么手表也可以打电话呢？"小豆丁听完也觉得疑惑不已，于是他决定回家后问问无所不知的爸爸。

　　放学后，小豆丁飞快地跑回家里，问了爸爸这个问题。爸爸听到后，将小豆丁的手表摘下来，从手表中取出了一张特别小的卡片。爸爸告诉小豆丁，他的手表之所以有打电话的功能，是因为这张卡片的功劳。

136

小豆丁看着爸爸手中的卡片，更加好奇了。这张小小的卡片是什么？为什么有了它就可以打电话呢？

进入互联网时代后，几乎每个人都拥有一部手机，且每部手机里面都至少塞了一张卡片。如果没有这张卡片，我们的手机就不能打电话、发短信甚至上网了。这张小小的卡片到底是什么东西呢？

SIM的尺寸

标准卡尺寸：25mm×15mm×0.8mm。

Micro Sim（小卡）尺寸：12mm×15mm×0.8mm。

Nano SIM 尺寸：12.3mm×8.8mm×0.7mm。

这张卡片的名字叫 SIM 卡，它是手机的身份证。只有拥有它，我们的手机才具备合法身份，才能使用运营商的讯通网络，享受通信服务。

别看这张卡只有一个手指甲那么大，它里面可大有乾坤。SIM 卡里面装有一个微处理器，这个处理器就像我们电脑的 CPU 一样，可以处理和传递信息。我们使用手机发短信、打电话或上网时，都是手机向 SIM 卡发送指令，然后 SIM 卡根据通信标准和规范做出相应的指令。

我在手机里面
你们看不到我

SIM 卡刚刚被发明出来的时候，和银行卡一样大。后来，随着科技的进步，人们对手机外观要求越来越高，它就逐渐被缩小成我们现在看到的这样了。不过即便是这样，人们的需求还是在不断升级。

尤其是对追求极致的手机厂家来说，这张小小的卡片依旧会造成很大的困扰。比如，如果手机不小心落入水中，它的功能会受到影响。于是，有的人就想把它去掉，这样就可以省去很多的麻烦。

于是，著名的苹果公司就发明了 eSIM 卡。它又是什么呢？它与 SIM 卡有什么区别呢？

eSIM 卡指的是嵌入式 SIM 卡，它镶嵌在手机的电路板上面，我们从手机外面看不到它，所以它又叫作虚拟卡。这种卡不仅可以节省手机的空间，而且还不怕丢失，使用起来非常方便。

最神奇的是，eSIM 卡是可以自己编程的，它可以和 SIM 卡进行远程的配置，实现运营商配置文件的下载、安装、激活和删除。换一种说法就是，使用 eSIM 卡，我们就不用去营业厅购买手机卡，在手机上就可以直接选择某家运营商的网络。

这就意味着，我们只要购买一款带有 eSIM 卡的手机，就可以自己在移动、电信、联通中间选择一家，然后用这家的网络进行通信。

不仅如此，在使用过程中，我们还可以自由切换运营商。也就是说，如果我们用了一段时间的移动网络之后不想用了，还可以自己切换成电信或者联通的网络，然后接着使用手机。

其实运营商推行 eSIM 卡并不单单是因为考虑到手机的美观、便捷，还因为考虑到物联网的发展。5G 时代，物联网才是通信技术的重要节目。根据专业机构的预测，到 2025 年，全球物联网的设备将会达到 300 亿个。这些物联网设备依赖的都是 eSIM 卡技术的支持。因此，eSIM 卡在物联网上面的应用才是最让人期待的。

不过，eSIM 卡并不是人们通信的终极目标，因为 eSIM 卡只是虚拟技术中的一种。除了 eSIM 卡之外，softSIM 和 vSIM 也属于虚拟 SIM 卡技术。

eSIM 卡虽然是虚拟手机卡，但是它还是需要镶嵌在手机电路上。而 softSIM 和 vSIM 这两种卡可以完全摆脱复杂的物理芯片，直接通过操作系统实现短信、电话、网络这些功能。简单来说，未来我们可能不需要 SIM 卡，直接使用手机就可

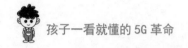

以完成所有的通信功能。

　　总之，通信技术的发展是无止境的，未来的科技世界中，我们使用的工具也会越来越智能，那时我们也会看到一个更加神奇的世界。

小豆丁懂得多

　　小朋友们有没有注意过，我们使用的每张 SIM 上面都有一个缺角，这是为什么呢？难道是因为制作 SIM 卡的人不小心剪掉的吗？

　　答案当然不是了。SIM 卡一共有正反两面，但是只有一面存在着电路。只有当有电路的这一面和手机中的电路完全接触之后，才可以发短信、打电话、上网。

　　如果 SIM 卡是正方形或者长方形的话，那么它的放置方式就会很多种，人们一不小心就会把 SIM 卡放错，导致没有办法正常使用。这时，制作 SIM 卡的人就把它剪去了一个角，这样人们在放置的时候就只能按照正确的方向放置，不然就无法把 SIM 卡完整地放入手机卡槽中啦！

新"空中接口"，让 5G 的连接更灵活

周末，小豆丁穿戴整齐后，高高兴兴地去找自己的好朋友果果玩。当小豆丁走到一个高塔附近时，突然听到一阵哭泣声。小豆丁吓了一跳，连忙四处看了一下，却没有发现一个人。

小豆丁大着胆子冲着高塔喊道："你是谁啊，谁在那里？"这时，一个小男孩的声音传了过来，"小朋友不要害怕，我是 5G NR。我不是故意要吓你的，只是因为最近没有人和我说话，我有些伤心，就忍不住哭了。"

小豆丁听完，疑惑地问："5G NR 是什么呀，为什么我看不到你呢？"这个神秘的声音接着说道："我是旁边这座高塔和手机之间的接口，因为我无形无色，

141

所以你看不到我。"

小豆丁心想，无形无色，一个接口，这个东西可真够神秘的。可惜，我今天还要找果果玩呢，所以不能在这儿待着了。不过，果果说，他的爸爸懂得很多知识，到时候我可以请教叔叔啊。小豆丁想完，便匆匆忙忙地和这位神秘的朋友道了别，跑着去了果果家。

故事中的神秘朋友——5G NR，又被人们叫作新空口，它是 5G 时代中的一位新成员。现在，我们就来揭开这位新成员的面纱，来看看新空口到底存在哪些有趣的知识吧。

首先，我们先从"空口"两个字开始认识 5G NR。在第一章里，我们了解到，手机都是通过基站那个长得像高塔的大家伙来传递信号的，而空口其实就是手机和基站之间的接口。

基站和手机之间是通过电磁波在空中传递信息的，NR 就是基站和手机空中的接口，因此被称为"空口"。它相当于手机和基站的大门，信息在空中传输的时候，都要经过这扇大门才能到达手机或者基站上。

4G 时代，人们进行通信时使用的通信工具核心是 4G 基站和 4G 核心网。到了 5G 时代，人们并没有将 4G 基站和 4G 核心网"打入冷宫"，而是在 4G 基站和 4G 核心网的基础之上，建立了 5G 基站和 5G 核心网。

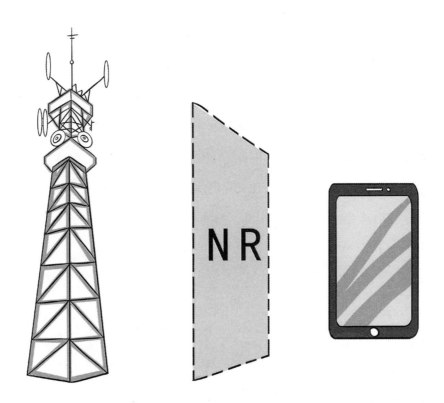

5G 基站和核心网与 4G 基站和核心网结合在一起之后，人们既能通过 5G 基站使用 4G 网络也能使用 5G 网络。另外，5G 时代中的 4G 基站经过升级之后，不仅可以运行 4G 网络，还可以运行 5G 网络。

换句话说就是，5G 时代中一部手机拥有两个空口连接，当人们使用 4G 基站上网时采用的就是旧空口，当人们使用 5G 基站上网时采用的就是新空口，也就是 5G NR。

5G NR 是建立在 4G 旧空口的基础之上的，它不仅继承了 4G 空口的种种优点，而且还改进了 4G 空口的缺点。使用 5G NR 上网不仅速度非常快，而且还能满足 5G 网络低时延和大连接的需求。

5G NR 既然有这么多的优点，那么我们该怎样使用它呢？这就涉及 5G NR 的部署问题。我们想要通过 5G NR 上网，就需要运营商把 5G NR 这张网部署在通信系统中。

具体来说，运营商部署 5G NR 的方法有三种：一是在现有的 4G 网络上部署 5G NR 毫米波，也就是大于 30 GHz 的毫米波；二是在现有的 4G 网络上部署小于 6 GHz 的低频段的电磁波，这种部署方式相对来说比较简单，因为低频段的电

> ### 5G NR
> 2018 年 6 月 14 日，华为、三星等大企业都发布了新闻公报——国际标准组织"第三代合作伙伴计划（3GPP）"全体会议已批准，第五代移动通信技术 5G NR 的独立组网标准。

磁波比较容易获取；三是直接部署一张 5G 网络。

运营商和 5G 网络的用户都比较青睐第三种方式。因为部署一张完整的 5G 网络，就相当于在通信系统中部署了一张巨大的网。在这张巨大的 5G 网络下面，手机、手表、电视、家居用品等一切可以连接网络的设备都可以轻松联网，5G 网络也能让人们的生活更加便捷。

我们都知道，蜘蛛织网需要耗费很多的时间和精力，建立 5G 网络也一样，并非一日之功。现在我们的 5G 网络技术还不够成熟，还有很多技术需要我们进一步探索后才能掌握。所以我们还需要不断钻研，才能打造出一个完美的 5G 时代。

小豆丁懂得多

5G 网络的标准有两种，一种是非独立组网 NSA，一种是独立组网 SA。现在我们已经实现了 5G 的第一个阶段非独立组网。这两种标准有什么区别呢？

举一个例子来说，小王是一个餐厅的老板，现在他还想再开一家餐厅。一种办法是开一家全新的餐厅，然后再请一个主

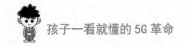

厨。另一种办法是开一家餐厅，但是不请主厨，直接让原来的主厨负责两个餐厅的业务。

5G 的两种标准其实就和小王的餐厅一样，NSA 就是方案一，SA 就是方案二。采用 NSA，就是使用 5G 基站和 5G 核心网，虽然这样的组合十分完美，但是却十分烧钱。采用 SA 就是在 4G 基站和核心网的基础上建设 5G，也就是目前我们采用的方式。第二种方式虽然可以节省资金，但是网络效果会差很多。

06 5G智慧世界

无人汽车、远程手术……5G 时代的世界就
像科幻小说一样，带给我们无限遐想……

5G 无人机，不只是高空拍照这么简单

小豆丁的体验

2018 年 5 月的一天，小豆丁和爸爸来到上海的北外滩。在徐徐的江风中，大家焦急地等待着"表演者"的到来。

不一会儿，一架无人机缓缓出现在空中。只见这架无人机不断地在空中盘旋遨游，然后将黄浦江全景的高清视频传到 VR 终端。岸边的人们通过 VR 终端，清晰地看到了黄浦江的景色，每个人就像置身于黄浦江上空

般，完全沉浸在黄浦江的美景之中。

表演完毕之后，小豆丁对这个特殊的"表演者"赞不绝口。惊喜之余，小豆丁开始好奇到底是什么技术让人们可以享受到这样的盛宴。

爸爸对小豆丁说，这场"5G+ 无人机"表演之所以可以让人们享受到高清视频

直播，全都是5G网络的功劳。采用5G网络进行实时直播，不仅比4G网络快了数十倍，而且图像非常清晰、画面非常流畅。再加上 VR 终端的配合，无人机才能实现让人们身临其境的效果。

进入 5G 时代之后，一大批有关 5G 的新科技如雨后春笋般涌出。其中最受欢迎和最被看好的"科技玩具"之一就是故事中的"5G+ 无人机"。5G 和无人机之间到底有什么样的关系？这两者的结合又会摩擦出怎样的火花呢？

无人机的全称是无人驾驶飞行器，简单来说，它就是一种会飞的机器人。早在 100 多年前，人们就已经发明出来了无人机。那时候，无人机主要应用于军事方面，人们利用它来进行侦查活动。

进入 21 世纪之后，无人机的技术不断成熟，并逐渐应用于各行各业。比如无人机播洒农药，无人机配送快递等。刚开始人们使用的是 Wi-Fi 和蓝牙技术控制无人机，但是这两种技术只能让无人机飞行几百米，后来人们就想到了网联无人机。

网联无人机就是利用通信网络连接和控制无人机。说白了就是利用基站来联网无人机。而 "5G+ 无人机" 就是利用 5G 通信网络来控制无人机，因此 "5G+ 无人机" 又叫作 5G 无人机。

5G 无人机的众多特点中，排在首位的就是 5G 的超宽带。5G 网络的速度是 4G 网络的数十倍，所以在 5G 网络的支持下，无人机能够支持 4k 或者 8k 的超高清视频。

无人机

如今，无人机已成为西方军事强国的军力增长点。我国在无人机领域取得的成就同样令人瞩目。据美国《航空周刊》报道，中国已对外展示了几十种无人机。这一数据也足以表明，中国在无人机领域正在 "赶超西方"。

更厉害的是，5G 无人机可以安装 360°全景相机，进行多维度拍摄，地上的人们可以通过 VR 眼镜全方位地观看无人机拍摄的场景。

换句话说，5G 无人机就相当于人们的"天眼"，可以让人们非常清晰地观看想要看的地方。比如小豆丁看到的无人机给人们带来的黄浦江全景视频，就是无人机利用的全景相机为人们呈现的美景。

除了超宽带之外，5G 无人机还具备 5G 网络低时延的特性。当地面上的人对无人机发出指令时，无人机能够在 1 毫秒之内做出反应，从而为人们提供更加精确的信息。

在飞行数据安全方面，5G 无人机也具有明显的优势。在传输数据的过程中，5G 无人机更加安全可靠，不容易受到外界因素的干扰，可以在任何复杂地形中圆满完成任务。

此外，5G 网络具有的 D2D 通信能力，可以让无人机与无人机之间实现直接通信，这样无人机就可以轻松实现群体协作了。

说了这么多 5G 无人机的优点，那么它目前有哪些应用呢？

首先，5G 无人机可以进行巡检。我国的电网输电线路设备，还有运营商的宏站设备，大部分都在荒郊野外或者崇山峻岭等比较危险的地方，工人为了检查这些地方，必须亲自爬到高塔上检测。采用 5G 无人机进行巡查，可以轻松完成设备的 360°全方位高清视频检查，将设备的各项细节都勘察清楚并存档。这样既降低

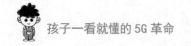

了人工检查的风险，又提升了巡查的效率。

其次，5G 无人机还可以应用于交通业。与传统的道路监控相比，5G 无人机具有很强的机动性。一旦出现道路堵塞和交通事故，5G 无人机可以第一时间到达现场，并及时将现场的高清图像和视频传回地面。在巡查的过程中，5G 无人机如果发现违法停车、违法变道等道路违法现象，还会及时拍照取证。不仅如此，5G 无人机还配置了远程喊话功能，可以帮助交警疏散和警告道路上的车辆。

值得一提的是，5G 无人机还可以用于应急通信和救援。当某地发生地震、洪水等灾害的时候，5G 无人机一方面可以搭载通信基站，为灾区提供通信服务。另一方面，还可以定位被困人员的位置，帮助救援人员进行施救。

除了上述这些，5G 无人机发挥的作用还有很多。比如无人机消防、无人机边境巡逻等。总之 5G 无人机与各行各业都有交集，也可以说，5G 无人机的潜力非常巨大，是 5G 时代不可或缺的万能神器。

小豆丁懂得多

虽然现在无人机技术已经趋于成熟，但是 5G 无人机还处于起步阶段，从目前来看，5G 无人机还存在两个缺陷。

一是目前 5G 无人机都是通过 5G CPE 和 5G 基站进行通信，然后再将 5G 信

号通过网络传递给无人机的。未来的 5G 无人机会将 5G 芯片或者 5G 通信模块放到无人机里面，这样就能大大地减轻无人机的负荷。

　　二是 5G 无人机电池续航时间短。目前的无人机续航时间基本在 20 到 30 分钟之间，不过如果利用无线充电技术，无人机就不用经常更换电池，只需要停在充电平台就可以进行快速充电。

　　5G 无人机的技术成熟和建设到位都需要时间和耐心。相信 5G 网络成熟之后，5G 无人机技术也会随之更加先进。

无人驾驶汽车，让司机"解放"出来

小豆丁的体验

小豆丁家最近想要买一辆汽车，但是小豆丁的爸爸妈妈在4S店挑了好久也没有挑到十分满意的。正当小豆丁一家为选什么汽车苦恼的时候，爸爸被一则广告吸引了。

这则广告的名字叫作5G相连的世界，广告中有一个场景：一辆无人驾驶汽车平稳地行驶在山路上，车的主人坐在后座上戴着VR眼镜，正在透过窗户观看一场精彩的足球比赛。

爸爸深深地被这个场景吸引了，于是和妈妈商量要不要买一辆无人驾驶汽车。不过妈妈听完却说："前一阵儿，我还听到无人驾驶汽车出事的新闻，我们可不能冒这个风险。"爸爸听完后也开始打鼓，不知道无人驾驶汽车是否真的安全。

　　小豆丁在旁边听完爸爸妈妈的对话后，心中也十分好奇，无人驾驶汽车到底是什么样子的？为什么爸爸妈妈对无人驾驶汽车的看法不一样呢？

　　进入 5G 时代之后，物联网技术也变得越来越成熟。除了智能手表、智能冰箱等简单的物联网设备之外，无人机、无人驾驶汽车等高端物联网设备也逐渐进入我们的生活。其中，无人驾驶汽车是人们最关注的高科技产品之一。

　　无人驾驶汽车就是一种高级的车联网技术，它可以利用网络自己在路上行驶。早在 20 世纪，人们就已经掌握了车联网技术，只不过那时候的车联网只能连接录音机、车载音响、手机等一些简单的东西。

　　进入 21 世纪之后，汽车不仅可以播放音乐、进行

> **无人驾驶汽车**
>
> 　　2011 年 7 月 14 日，由国防科技大学自主研制的红旗 HQ3 无人车，首次完成了从长沙到武汉 286 公里的高速全程无人驾驶实验。红旗 HQ3 无人车不仅创造了中国自主研制的无人车在一般交通状况下自主驾驶的新纪录，而且标志着中国无人车在环境识别、智能行为决策和控制等方面实现了新的技术突破。

录音，而且还可以下载数据、进行导航等。可以说，现在的汽车包括空调、发动机、轮胎等所有部件，都可以通过车联网技术实现信息化、数字化。例如，给轮胎安装一个传感器，我们就能通过传感器时刻监控轮胎的状态。当汽车轮胎需要打气或者出现破裂等危险时，传感器就会将轮胎情况及时通知汽车主人。

目前的车联网技术在上述这些初级应用的基础上，利用更加强大的云计算能力和通信能力，成功实现了无人自动驾驶功能。

汽车自动驾驶，可以说是车联网的终极状态。它可以把汽车和红绿灯等交通基础设施全部接入网络。汽车内部的云计算系统可以分析整个城市的交通流量、拥堵情况，并自动规划道路行驶。

我们使用无人驾驶汽车时可以不用自己开车，只需要在后座安心享受旅途风景

就好。既然无人驾驶汽车这么舒适，为什么现在几乎没有人使用无人驾驶汽车呢？

这其中很大一部分原因是，无人驾驶汽车的安全性还有待提高。根据相关报道，无人驾驶汽车在行驶过程中，还很难做出快捷的反应。比如无人驾驶汽车在碰到有人驾驶汽车时，很难判断人们的驾驶习惯，从而可能会导致追尾、碰撞等交通事故。再如，无人驾驶汽车在道路上碰到闯红灯的行人，也很难快速反应并做出及时刹车的行为。

汽车自动驾驶功能中最关键的因素就是时延，它关系着乘客的生命安全。无人驾驶汽车在遇到上述这些意外情况时，哪怕晚刹车 1 秒，都有可能造成人员伤亡。因此，要想让无人驾驶汽车有足够的安全性，那么它的时延就必须降到毫秒级。

从目前来看，能够达到这个时延要求的只有 5G 技术。5G 的 NR 技术比 4G 的 LTE 技术时延要低很多倍，可以达到无人驾驶汽车毫秒级的要求。而且除了时延之外，5G 还拥有很多 4G 不具备的优点。比如 5G 拥有更高的带宽，可以满足无人驾驶汽车路径规划、系统升级等各种需求；5G 支持更大数量的连接，可以连接无人驾驶汽车的所有部件，从而为我们提供更加详细、准确的车辆信息；5G 支持更高的移动速度，可以让无人驾驶汽车的感知功能更加灵敏，能够轻松辨别道路情况、进行紧急制动提醒等。

在未来 5G 时代的舞台上，物联网一定会成为重要的一员。无人驾驶汽车作为物联网的重要代表，必定会散发出耀眼的光芒。或许未来的某一天，我们在大街

上看不到人工驾驶的汽车，道路上全是无人驾驶汽车，人们都在汽车后座上惬意地享受旅途风景等。

小豆丁懂得多

车联网时代中的自动驾驶分为 L0、L1、L2、L3、L4 和 L5 六个级别。其中 L0 代表的是人工驾驶，L5 代表的是全自动驾驶，它的所有行驶活动都由自动驾驶系统来完成。

在未来世界中，如果所有的汽车都能够达到 L5 级别的全自动驾驶，我们的城市将会变成一个高度有序的行驶队列。在这个极度有序的交通环境中几乎不会发生交通事故。

即使我们的车辆遭遇突如其来的险情，汽车也可以通过强大的车联网技术迅速告知周围车辆避让，这个过程汽车可以在一瞬间完成。那时我们要想使用汽车，只需要通知它几点出发，汽车就能按照我们的要求准时抵达。整个行驶过程中，我们只需要在后座看看书、玩玩游戏就可以了。

智能家居，时刻听候主人的命令

　　小豆丁总是忘记带钥匙，这不，今天他又忘记了，只能站在门口等着爸爸妈妈回来。"如果不用钥匙就可以开门多好啊，这样我就不用天天在门口等着了。"正当小豆丁想得出神的时候，爸爸回来了。

　　爸爸看到小豆丁发呆的样子，悄悄走过去拍了拍小豆丁。小豆丁被吓了一跳，埋怨爸爸回来得太晚。爸爸笑着把门打开，摸着小豆丁的头说以后再也不必担心忘带钥匙了，小豆丁立即兴奋地问爸爸为什么。

　　爸爸告诉他，以后家里也会装上指纹锁，这样回家的时候只要手指按一下就可以打开门了。不仅如此，未来家里很多东西都会变得智能起来，到时候电饭煲会自己热饭，灯光和窗帘也可以用手机或平板电脑控制。

小豆丁听完十分高兴，心里想着，如果真的可以这样，那就太好了。

开门要用钥匙，开灯要按开关，窗帘要用手拉……这些都是目前我们传统的生活方式。在这些生活方式之下，人们难免会遇到和小豆丁一样的问题。为了解决这些问题，人们发明了物联网技术。

利用指纹门锁、智能开关等一系列的物联网设备，人们的生活将变得越来越智能化。5G 的大门开启之后，带来的不仅仅是网速的提升，还让万物联网更进一步，加速了物联网的普及。其中，智能家居是 5G 时代最大的应用场景之一，它让人们的生活变得更加智能。当智能煤气系统检测到煤气泄漏时，会立即将报警信息发送到手机上，同时自动关闭煤气阀，打开窗户和通风系统；如果有人非法打开家里的大门，智能门锁系统就会向手机发送报警信息，我们可以打开远程摄像头察看现场情况，然后通知小区保安前去查看。

与 4G 时代的智能家居相比，5G 时代给智能家居带来的改变主要有以下几个方面。

一是传输速度显著提升。5G 网络最明显的特点就是传输速度显著增加。智能家居是以互联网为基础的，所以物联网设备彼此进行数据连接的时候，网速的快慢会直接影响我们的体验。智能电灯可以随着我们进入房间而逐步打开，但是如果网速比较慢的话，灯光打开的速度就会变慢，我们就不能在进门的第一时间享受到明亮的灯光。

二是时延大幅度减少。4G 网络的时延大概为 20 毫秒，虽然这个时间看起来很短，但还是会给人们造成一定的困扰。当小偷非法进入家中，如果智能监控系统不能及时将信息反馈到我们的手机上，就会导致我们的财产损失。

智能家居

智能家居是以住宅为平台，利用综合布线技术、网络通信技术、安全防范技术、自动控制技术、音视频技术将家居生活相关设备集成在一起，构建出的高效住宅设施和家庭事务管理系统。

相比之下，5G 网络的时延低至 1 毫秒，能够更快地将家中所有的信息反馈给我们。煤气泄漏、小偷盗窃、空调未关闭……这些信息都能在 1 毫秒之内快速反馈给我们，避免我们的财产和生命受到威胁。

三是网络标准的统一。目前我们的智能家居产品大部分都是单件存在的，我们只能通过手机一一对这些家庭用具进行控制。比如查看冰箱信息，要打开冰箱智能控制系统；关闭灯光，要打开智能灯光控制系统；清扫房间，要自己手动打开扫地机器人等。

这些家居产品之间都是一个个单独的个体，而且不同的品牌之间还存在很多的差异，我们需要对这些设备一一进行操控，非常麻烦。而 5G 时代的智能家居，更偏向于制定一个统一的标准。使用 5G 网络可以将所有的智能家居都连接在一起，让它们之间可以互相配合。

不妨想象一下，早上七点我们起床后只需要打开起床模式，窗帘就会缓缓打开，一段舒缓的音乐慢慢响起，牛奶和面包随着音乐开始在机器中自动加热。当我们洗漱完毕，就可以边听音乐，边在美妙的早餐中开启新的一天。

根据业内人士的测算，在 2020 年全球智能硬件市场规模达到 10 767 亿元，在不久的将来，我们的传统生活方式有可能就会被智能方式取代，真正的智能家居时代也将会到来。

"主人，检测到您最近的血压有些偏低，建议您多补充糖分和营养，我们已经将您冰箱中食物的信息发送到您的手机上，请您参考最新的膳食菜单补充体能。"未来，类似这些会"说话"的家具会越来越多，我们的生活也会变得妙不可言。

小豆丁懂得多

5G 时代中，除了 5G 智能家居之外，还有一种更高级的家居模式，这种模式叫作"5G+AI"智能家居模式。

目前，最典型的"5G+AI"智能家居产品就是智能音箱，它是智能家居的总入口，当用户传递语音指令之后，它就会启动控制系统，分别对智能家居进行操控。作为智能家居家族中的一员，智能音箱可以让用户使用语音控制整个智能家居家族中的产品。比如语音控制窗帘开关、空调开关、灯光开关、冰箱温度等。

现在最大的智能音箱可以接入 6 到 8 款产品。随着 5G 技术的发展，专家预测未来智能音箱可能会同时控制 20 款智能家电。这意味着未来"5G+AI"智能家居带给我们的精彩会越来越多。

5G 远程医疗，满足更多人的看病需求

2019 年 3 月，中国移动携手华为公司助力中国人民解放军总医院，成功完成了一场帕金森病"脑起搏器"植入手术。这场手术最特殊的地方就是，病人远在北京，而医生却在海南。两地相距 3 000 公里，手术到底是怎么完成的呢？

原来这场特殊的手术是通过 5G 网络完成的。远在海南的医生通过电脑可以清楚地看到在北京的中国人民解放军总医院的手术现场。在海南的主治医生通过电脑发出指令，操纵北京手术室的设备将微电极准确植入患者大脑中，患者的病情在"脑起搏器"电刺激下立即得到明显缓解。整个过程中，5G 高清视频功能让医生如同亲临现场手术一般。参与这场手术的医生表示，5G 强大的功能让手术变得越来

简单，越来越先进。

其实早在 4G 时代，4G 网络就被应用于医疗领域之中，但是 4G 网络的诸多缺点并不能满足人们的需求。直到 5G 网络出现后，人们在医疗方面的困难才得到了真正的解决。那么与 4G 网络相比，5G 网络在医疗方面的应用有哪些独特之处呢？

首先，5G 通信的低时延和高可靠等优点为远程医疗提供了可靠的技术支持，使用 5G 网络传输的实时画面能够在 30 微秒之内传送到千里之外的医生电脑上。

很多医生都表示，如果没有 5G 网络，远程手术根本不可能实现。因为在手术过程中，哪怕画面延迟几秒钟，都有可能危及病人的生命。5G 网络的低时延解决了远程医疗最关键的问题。

其次，5G 网络的下载速度非常快，有利于医院建立 3D 模型。之前医生在获取远程病人的 CT 图像时，需要几个小时才能把图像下载下来。而在 5G 环境下，下载 10 多个 G 的资料也只需要几分钟。医生可以利用 5G 网络，用患者的 CT 图像建立一个 3D 打印的心脏模型。这样一来，医生就可以 360°全方位地观察病人的心脏，进而找到患病的位置。这不仅可以帮助医生减少错误，而且还可以提高手术效率。

另外，更能体现 5G 优势的是 5G 与 AI 机械臂的结合。医生可以利用 5G 网络实时操作千里之外的机械臂为病人进行手术。

> **3D 打印**
>
> 3D 打印即增材制造，是快速成型技术的一种，是一种以数字模型文件为基础，运用可黏合材料，通过逐层打印的方式来构造物体的技术。

前不久，北京一家医院就曾经通过远程系统控制平台与天津市、克拉玛依市和张家口市的三家医院进行了远程手术。北京的医生通过 5G 传递的高清图像，确定了螺钉的方向、位置、大小和粗细，然后通过远程操控机器人到达打钉的位置，最后再由当地的医生按照定位为病人进行螺钉植入。

除了解决远距离就医问题之外，5G 远程医疗在急救上也能发挥很大的作用。比如医院的医生通过 5G 网络连接，可以利用远程操纵杆为 120 救护车上的病人实施远程 B 超，从而快速地判断病人的病情，为病人获救争取更多的宝贵时间。

5G 远程手术技术不仅让我们解除了远途奔波的劳苦，还能解决部分地方医生短缺、看病困难等问题。未来，随着 5G 网络的发展，我们一定会打造出更多能够服务于民的 5G 医疗应用。

小豆丁懂得多

5G 远程手术其实运用的是触觉互联网。触觉互联网就是我们通过网络获得触觉上的反馈，上文中的远程实时操纵机器人就是最常见的触觉互联网技术。

准确来说，触觉互联网就是多种技术在网络和实际应用上的结合。在整个操作过程中，物联网和机器人能够提供终端支持，而 5G 网络则负责传输数据，再加上移动边缘计算处理数据，整个过程就可以轻松完成了。

除此之外，我们上网购物时，还可以通过触觉互联网"触摸到"衣服的材质或者试穿衣服；老师进行在线教学时，可以在网上更好地观察学生们的执行情况，并根据每个学生的情况对其进行纠正。

这样来看，5G 不仅仅是通信的工具，更是我们衣食住行不可或缺的法宝。

AR中的真假世界

冬天到了，妈妈想给小豆丁买几件冬天的衣服。但是小豆丁很不喜欢逛商场，觉得试穿衣服太麻烦了。可是这次，小豆丁妈妈却神秘兮兮地告诉小豆丁，这次要去的商场非常神奇。小豆丁顿时好奇起来，决定跟着妈妈去商场一探究竟。

到了商场之后，小豆丁妈妈选定了一家童装店，拉着一脸不情愿的小豆丁进入了一个试衣间。小豆丁进来之后发现，这个试衣间与众不同。

它比普通的试衣间要大很多，里面有很多人。最神奇的是，人们在试衣服的时候，只需要站在一个电视屏幕前面，选定自己喜欢的衣服，这些衣服就会贴身自然地穿在屏幕内的自己身上，并且还能迅速更换服装。小豆丁看到这个神奇的试衣间之后，顿时乐开了花，在屏幕里面轻轻松松地就试穿了好几件衣服。

最后，小豆丁满意地选中了几件衣服，愉快地让妈妈付完款结束了这次购物。回家途中，小豆丁问妈妈，试衣间的屏幕为什么那么神奇。妈妈告诉小豆丁，这都是 AR 技术带来的新体验。

要想了解 AR，我们要先来了解一下 VR。VR 是一种由计算机生成的高技术模拟系统，利用电脑模拟产生一个三维空间的虚拟世界，可以让使用者如同身临其境一般感受三维空间内的事物。

AR 是 VR 的增强版，它可以通过电脑技术将虚拟的信息应用到真实世界，让虚拟的物体和真实世界存在于同一个画面或者空间中。也就是说，AR 就是将虚拟世界和现实世界结合到一起。

例如，我们正在看关于小猴子的动画片。如果使用 VR 眼镜，我们就如同来到了动画片之中，动画片里面的人物好像都围绕在自己身边一样。而使用 AR 眼镜，我们会感觉到小猴子来到了我们的世界，它可以在我们周围自由地玩耍。

换一种说法，VR 技术就是把我们带到虚拟世界中去，我们看到的场景和人物都是假的。而 AR 技术则是把虚拟世界中的东西带到真实世界中来，我们看到的场景和人物一部分是真的，一部分是假的。

与 VR 相比，AR 算得上是 5G 时代非常华丽的智慧工具了。很多时候，我们不用戴 AR 眼镜，在手机上就能轻松体验到 AR 中的真假世界。

AR 技能一：量体度物。

在手机上下载一款 AR 尺子应用，我们就可以利用这款应用直接测量物体的尺寸，甚至是它们的体积。具备 AR 功能后的尺子，就像我们平常使用的量角器、水平仪等工具一样，具有神奇的量体度物功能。

AR 技能二：实景导航。

对于很多不认识路和不会用地图的"路痴"来说，最困难的事情就是根据手机地图找路了。原地转了360°，依旧不知道哪条路才是正确的方向，这该怎么办呢？别慌，AR 导航就是拯救你的最佳神器。

AR眼镜

AR眼镜就像是一台微型手机，它可以通过追踪用户眼球视线轨迹来判断用户的状态，并开启相应的功能。

在 AR 导航应用中，我们设定好目的地后，手机就会采集现实中的图像，利用 AR 技术把导航信息实时地标识到实景中。同时，这款应用还能实时在画面上显示我们所在街道的名字，我们距离拐弯还有多远等信息。这些信息就像是贴在现实道路上的路标，可以一点一点引导我们走到目的地。有了 AR 导航技术，我们就再也不用担心迷路了。

AR 技能三：布置家具。

每次购买家具的时候，我们都会遇到尺寸不合适、色调不搭等各种问题。怎么买到合适的家具，是每个家庭头疼的事情。但是如果有 AR 技术来帮忙，买家具也能变成轻而易举的事情。

利用 AR 应用，我们可以在手机上直接将家具"贴"到房间里面，然后预览家具布置到房子里面的效果，这样我们就可以轻轻松松买到合适的家具了。

AR 技能四：观看星空。

用 AR 技术看星星是一件非常炫酷的事情。AR 技术不仅可以让虚拟的星空和真实的天空结合起来，而且还能够实时显示星星的名字、星座的位置等各种各样的天文信息，让你可以一秒变成天文学家。

除了这些手机可以实现的 AR 技能之外，AR 还存在巨大的潜力。在未来，AR 可能会成为穿戴式智能设备的绝配。比如，早上起床，只要使用 AR 技术，我们的眼前就会陆续划过最新的新闻、今天的出行计划、天气和穿搭建议等内容。

这种炫酷的场景在未来将会一一实现，人人向往的智能生活也总有一天会到来！

小豆丁懂得多

5G 时代中，除了 VR 虚拟现实中的虚拟世界和 AR 增强现实中的真假世界之外，还有一种叫作 MR 的混合现实世界。它和 VR、AR 有什么区别呢？

MR 其实是 AR 的加强版，它是将真实世界和虚拟世界混合到一起，产生新的可视化环境。在 AR 世界中，那些虚拟的物体就像漂浮在现实世界中一样，我们能清楚地感觉到它们是不真实的。

而 MR 要做的就是克服 AR 世界中的不真实感，让虚拟世界和现实世界无缝黏合在一起，从而打造一个现实和虚拟完美融合一起的世界。如果拿上文中的小猴子动画片来举例的话，使用 MR 技术我们看到的就是一只像我们一样、活着的小猴子，甚至我们根本分不清这只小猴子是真实世界的还是虚拟世界的。

5G 智能物流

　　小豆丁妈妈最近在网上买了很多的东西，这几天小豆丁妈妈心心念念的事情就是收快递。让人没想到的是，一天，小豆丁妈妈收到了快递公司的一则短信，短信上写着：非常抱歉，你的快递已被烧毁。

　　这可急坏了小豆丁妈妈，她赶紧联系网上的卖家。卖家告诉她，运送快递的车辆在途中突然起火了，不仅是小豆丁妈妈的快递，很多人的快递都烧毁了。小豆丁妈妈顿时感到十分难过，心想现在有的快递也不是很靠谱。

　　不过小豆丁妈妈突然想起，前两天小豆丁爸爸好像说了一种5G智能物流。这种物流不仅可以让用户在平台上看到自己的包裹到达哪个城市，而且连包裹在哪辆车、哪个位置都可以知道。这样想来，5G智能物流好像比较靠谱。

5G 网络大大提升了我们的生活质量，我们逐渐进入一个人与物、物与物的万物联网时代。那物流联网之后，又会给我们带来什么样的智能生活呢？

一、智能物流园区

随着互联网的发展，网购已经成为人们非常重要的购物方式。面对数亿的网购商品，快递公司最头痛的就是如何管理快递。这么多的快递如果都由人工来管理，显然是一个巨大的工程。

于是人们利用 5G 技术，建立了智能化的物流园区，利用机器人和物联网技术，打造了一个自动驾驶、自动分拣、自动巡检的全智能管理模式。在智能物流园区内，人们可以通过 5G 高清摄像头实现包裹的定位管理，而且还可以感知仓库物品的拥挤程度，然后及时对物品进行调度。

> **智慧物流**
> 它是指通过智能软硬件、物联网、大数据等技术，实现物流各环节精细化、动态化、可视化管理，提高物流系统智能化分析决策和自动化操作执行能力，提升物流运作效率的现代化物流模式。

二、无人机配送

想象一下，如果你正在公司开会，会议期间你的快递送达了。这时你轻轻地按了一下手机上的按钮，你的窗户就会自动开启。然后无人机会带着你的快递飞到你的办公室，把快递轻轻地放到你的桌上。

5G 时代，无人机这种高级的配送方式已经成为现实。无人机自身配备了大量的传感器，在整个配送过程中，无人机能够轻松地感知图像、信号强度甚至空气质量，并采集到丰富的实时数据，最终将我们的快递准确无误地送到我们的手中。

三、机器人配送

目前许多写字楼或者住宅区都有门禁系统，这让配送快递的人员非常苦恼。很多时候，配送人员到达楼下，却被门禁拒之门外，这就导致配送人员的配送率大大降低。

针对这种情况，人们发明了一种室内机器人。当配送人员将包裹送到楼下时，这些室内机器人就能接过这些快递，然后自己乘坐电梯，亲自将快递送到客户手上。室内机器人的出现不仅解决了配送人员的困境，还减少我们等待快递的时间，极大地提高了物流速度。

四、智能追踪

很多时候，我们的快递都要在路上运送好几天。即使我们能够在物流信息中看到快递的位置，但目前的物流追踪大多具有延迟性，我们看到的物流信息大部分都是几个小时或者一天前的信息。

5G 智能追踪能够很好地解决这个问题。5G 与大数据进行结合后，可以将仓库和物流车的视频监控画面更清晰地展现出来，并实时进行计算、分析和预警，防止着火、碰撞等意外事故的发生。

总的来说，5G 具有更高的速度、更宽的带宽和更低的时延，不仅可以提高我们的网购体验，还能满足未来万物联网的需求。在这个过程中，智能物流园区、无人机、机器人和智能追踪系统等都会让物流变得越来越智能。

小豆丁懂得多

随着机器人技术不断成熟，不仅我们的快递会逐渐由机器人承包，就连我们的一日三餐都会慢慢由机器人来承包。

目前，已经有部分外卖公司展示过他们的送餐机器人。在展示会场中，送餐机器人向大家展示了整个送餐流程：送餐机器人从写字楼底层接过骑手送来的外卖后，会独自乘坐电梯把外卖送达用户所在楼层。当用户看到机器人之后只需要输入订单手机号，就可以把自己的饭取出来。

一些外卖企业曾经透漏，送餐机器人在未来将会常驻固定的建筑物内，专门负责该建筑物内的外卖分发。而且除了机器人之外，无人机也会被用于外卖配送。

可以想象，未来我们打开门，机器人可能就站在门口对我们说："您的外卖已送达，请输入订单手机号进行签收。"

07 未来是什么样子的

5G 之后，我们还会有 6G、7G……我们有多少想象力，未来的世界就会有多精彩……

未来的 6G 世界

小豆丁的体验

2019 年 3 月，由芬兰奥卢大学主办的全球首届 6G 峰会在芬兰莱维召开。全世界 200 多位顶尖无线通信专家和全世界有名的通信巨头都前往芬兰莱维，参加这场盛大的 6G 会议。

据悉，这场峰会的主旨是为 6G 的到来铺平道路。这让很多人不禁感到兴奋，如今 5G 技术正在逐步把我们的生活变得丰富多彩，6G 时代的世界又是什么样子的呢？

根据专家的叙述，到那时，我们的网络速度可能是 5G 的 100 倍，而且 6G 技术可能会带来全息视频通话、沉浸式购物、远程全息手术等一系列全新体验。未来的世界真的是这样的吗？现在就让我们怀着一颗好奇的心一起去探索一下吧！

一直以来，通信行业都有"使用一代、研究一代、储备一代"的传统。当5G风风火火开始运行的时候，通信行业就把6G纳入了未来日程中。

从技术方面来讲，6G网络可能会发生以下改变。

第一，惊人的网络速度和时延。根据通信专家的推测，6G网络的传输速度很有可能将在5G的基础上提升100倍。5G时代人们下载一整部电影只需要几秒钟，而在6G时代下载一部电影可能只需要10毫秒了。除了传输速度之外，6G网络的时延也会进一步降低，那时的时延可能会从毫秒级降到微秒级。

第二，高频段通信。早在2018年，美国通信部门的人员就表示，使用6G会让我们迈进太赫兹频率时代。太赫兹指的是100 GHz ～ 10 THz的电磁波，它比5G的频段要高出很多。高频段就意味着我们能够分配到的无限资源越来越多，可以传递的信息量也越来越大，也就是说我们的网速会变得越来越快。

第三，高级的全感通信。6G时代我们要实现的不仅仅是人和物的网络互联，还会实现全感通信。简单来说，就是把我们人类拥有的视觉、听觉、嗅觉、味觉等多种感觉运用到6G业务中去。比如在外出差的爸爸通过传感器能够真实感受到拥抱了在家的儿子。

在这些先进的6G技术支持下，我们可能会进入一个神奇的全息世界。购物时，我们会进入一个沉浸式购物模式，在这种模式之下我们能够在千里之外感受到商品的真实效果。比如我们远程买花，在家里就可以闻到花香；远程买衣服，在家

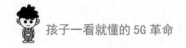

里就能触摸到衣服的质感；远程买食物，在家里就能尝到食物的味道等。

当我们使用手机时，6G网络也会带给我们不一样的感受。比如视频通话的时候，我们就会感觉到通话双方就像面对面交流一样。玩游戏时，我们能够在真实世界清楚地感受到游戏中产生的撞击和疼痛感。

当家里的老人不小心摔倒时，老人身体的各项指标和全身的数据，甚至疼痛的程度都会以全息的方式迅速传给子女或者医院。医院一旦察觉，则可以立即采取急救措施。如果当地的医院无法进行手术，还可以通过全息技术联系更好的医院进行远程全息手术。

专家认为"6G=5G+卫星网络"，未来的 6G 网络将会是一个密集型网络。而建立这个密集型网络并非一件易事。6G 的部署和太赫兹技术都是未来需要解决的难题。不过可以确定的是，随着 5G 网络规模的不断扩大，互联网技术的不断发展，6G 时代必将会到来。

小豆丁懂得多

6G 使用的是太赫兹频段，这种高频段的电磁波资源虽然非常丰富，系统容量较大，但是却有一个缺点：太赫兹频段覆盖率非常低，并且很容易受到外界环境的干扰。为了解决这一问题，通信专家提出了空间复用技术。

空间复用技术就是在 MIMO 技术的基础上，提高基站传输数据的数量。这种技术的好处就是，它能够在不影响信号传输的情况下，提高电磁波的使用率。

有关专家表示，如果 6G 使用空间复用技术，将可以同时接入上百个甚至上千个无线连接，它的容量可能会达到 5G 基站的 1 000 倍。

奇特的量子通信

小豆丁的体验

人类自诞生以来就在思考一个问题：物质是由什么构成的。为了解决这个问题，科学家们进行了各种探索。其中，他们的一个最简单的办法就是，把一个物质不断地"切"，一直到"切"不动为止。到最后，谁能把物质"切"到最小，谁就是冠军。

于是，科学家们就开始不断地"切割"物质，就这样"切着切着"，大的物质一点点变小，直到变成无法被"切割"的小颗粒。

这时，奇怪的现象发生了。这些极其微小的颗粒根本不听科学家的话，总是到处乱跑。科学家们想尽了办法，都不能制服这些小东西。后来，一些科学家看穿了这些小东西的本性，他们宣布，这种生来叛逆的微小颗粒，已经不是物质了，它们是一种能量。然后，科学家给这些微小颗粒取了一个新的名字，叫作"量子"。量子是一个物理量存在的最小的不可分割的基本单位。

科学家经过不断研究，逐渐摸清了量子的脾性，并且学会了利用它们制造一些东西，比如量子水杯、量子球等。除此之外，科学家们还将它运用到了通信行业。

科学家们是怎样把量子运用到通信技术中的呢？它在通信中起到了什么作用呢？

量子通信，其实就是密码学和量子技术结合在一起形成的一门应用。

我们在通信的过程中，为了信息的安全性，都会把信息进行加密。比如当我们想要发送"ACE"这三个字母，我们可以将正确的信息设置为每个字母的前一个字母，这样在传输信息的时候，我们发送的字母就变成了"BDF"。当接收人看到"BDF"这三个字母，并了解到通信规则是"每个字母的前一个字母"后，他们就可以轻松得到"ACE"这个正确的信息。

在这个过程中，"每个字母的前一个字母"就是我们用来加密信息的密码。显然这种密码太容易破解了，实际生活中人们使用的通信密码要复杂很多。不过任何东西都有破解之法，即使密码非常复杂，人们也能找到破解的方法。例如，

量子力学

量子力学是物理学中的重要理论，它与相对论一起构成了现代物理学的理论基础。

在"二战"期间，一些国家使用的是同一套密码本，里面的密码规则都是固定不变的，只要截获了这本密码本，就可以轻松破解他们的密码。

现在人们已经在研究量子计算机，据说这种计算机的运算速度非常快。要想让我们的信息足够安全，就要使用物理学家发明的量子通信密码。为什么说量子通信密码非常安全呢，这主要是因为量子通信密码不是预先设定好的，而是在通信的时候随机产生的。

目前我们使用的量子通信方式有两种，一种是 BB84 协议量子密钥，一种是 E91 协议量子隐形传态。

当我们使用 BB84 协议量子密钥传递信息的时候，量子会把我们的信息变成一段由 0 和 1 组成的随机信息，比如 10100011。由于量子是非常难驯服的小家伙，所以它在传输每一个符号的时候行走的方式都不一样，这样接收方在接收每个符号的时候，都会出现接收错误的情况。

也就是说我们本来发送的信息是"10100011"，但这组信息中的第 3 个、第 5 个和第 7 个发生了错误，导致接收方没有办法正确接收到这几个数字。这时通信的双方就会通过沟通，删除这些错误的数字，把剩下的数字"10001"

当作随机产生的正确密码。

由于量子每次传输信息时出现错误的数字都不一样，所以每次生成的正确密码都是随机的。而且如果在传递的过程中，有人拦截了其中一个符号，接收方会第一时间发现，并及时将窃听的情况反馈给量子通信设备。因此，这些随机产生的量子通信密码是不可能被窃听的。

当我们使用 E91 量子隐形传态传递信息的时候，我们利用的其实是量子纠缠效应。简单来讲，如果 A 想要利用量子给 B 发送一条信息，量子纠缠效应可以把纠缠在一起的两个光子（光子就是光量子）分别发给 A 和 B。

当 A 的信息和一个光子结合在一起的时候，B 处的光子就会利用感应，将 A 的信息完美地复制出来。基于量子不可克隆定理，任何人都不可能复制一个一模一样的光子来，所以除了 A 和 B 之外，其他任何人都不能窃听到他们两个传递的信息。

物理学家们认为，量子通信是解决国防、金融、政府、商业等各个领域信息安全问题的最佳办法。由此可见，在未来的通信时代，量子通信必将会大放异彩。

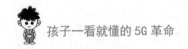
小豆丁懂得多

著名的物理学家贝尔有一个同事叫作伯特曼，他有一个十分奇怪的习惯，喜欢穿不同颜色的袜子。

每天伯特曼脚上穿的袜子颜色都是随机的，不过这两只袜子的颜色之间存在着一个关联，这个关联关系由伯特曼决定。也可以说，由于伯特曼这个奇怪的习惯，这两只袜子的颜色就被纠缠到一起了。

在物理学中，这种纠缠被称为量子纠缠。物理学家认为，宇宙中的一个粒子如果被一分为二，成为两个粒子，那么，这两个粒子就会朝着相反的方向越飞越远。不过，这两个粒子源于同一颗粒子，所以它们就像双胞胎一样，存在着"心灵感应"。当一颗粒子顺时针旋转时，另一颗粒子就会感应到，然后开始做相应的旋转。

AI 人工智能世界

小豆丁的体验

爸爸对小豆丁说，一直以来，世界各国都致力于 AI 的研发。其中，日本就曾经研发出一款生活类的机器人。这款机器人全长 55 厘米，体重大约为 64 公斤。让小豆丁惊讶的是，它不仅可以像日常伙伴那样陪伴我们，还能变身成摩托车，为我们提供便利。

日常生活中，我们可以把这款机器人当作随身管家，让它帮我们拎东西，或者去某个地方接人。如果我们对它说"去车库等人"，它就会自己行驶到车库里，然后根据主人给出的人物信息，等待指定人物的到来。之后，再根据主人的下一个指令进行操作。

当我们需要乘坐交通工具时，这款机器人还可以自动变形成摩托车。它的行

驶速度大概和我们现在使用的平衡车差不多。这种速度虽然不能满足长途行驶，但是骑着它去买菜还是绰绰有余的。

AI 就是人工智能，AI 机器人就是人工智能机器人，它能够在人们的控制下代替人类处理一些事情。在 4G 时代我们就已经见识了 AI 机器人的厉害。随着 5G 时代的发展，AI 机器人技术也变得更加成熟。类似的扫地机器人、搬运机器人这些人工智能机器已经非常常见。

人工智能

它是研究、开发用于模拟、延伸和扩展人的智能的理论、方法、技术及应用系统的一门学科。人工智能技术可以对人的意识、思维的信息过程进行模拟。

在发达的通信时代，AI 技术成为通信和网络不可或缺的重要角色。如果把人工智能比作"大脑"，那么通信就像是这颗大脑中的"脑干"，它掌握着人工智能的"呼吸""心跳"等各方面的运行。简单来说，通信和人工智能相辅相成，共同控制着人们的通信网络。

根据专家的分析，通信和 AI 这对默契十足的搭档将会一起拉开新通信时代的序幕，从而创造更多的通信奇迹。

　　首先，未来通信中，网络能够连接的设备和数据会越来越多。根据预测，到
2025 年全球会有超过 1 000 亿个物品的连接，400 亿部个人终端设备的连接，数据
流量会超过 180 ZB，相当于 20 万亿部时长为 2 小时的高清电影。

　　由通信网络带来的海量数据和连接做基础，AI 技术就可以更好地为人类所用，
为人类创造更多颠覆性的变革。比如使用 AI 工业机器人，可以拿着手机"种田"。
人们通过在手机上操作，就可以控制 AI 工业机器人进行农业种植。AI 技术和通信
网络的结合，可以让我们从人工走向自动化，进一步实现智慧生活。

其次，AI 芯片已经逐渐成熟，我们即将进入 AIoT（智能物联网）互联智能阶段。当我们的物联网技术和 AI 技术互相碰撞之后，物联网就会变成更加智能的 AIoT 阶段，也就是智联网阶段。智联网不仅可以让物联网技术更快落地，而且还会开启一个全新的万物智联时代。

通信网络和 AI 结合的智能应用会逐渐应用于各行各业中，在医疗、交通、工业等各个领域大放异彩。通信行业的专家预计，AI 能够催生出大量的行业变革，并加速医疗、教育、交通、旅游等各行各业的发展。比如 AI 无人矿车可以在露天矿区实现钻、铲、装、运全过程无人操作，这样一来矿场的工人就再也不用"以身犯险"，亲自下矿操作了。还有，AI 智慧教育不仅可以让教师和学生远程实时互动，还能通过学生的一举一动评估教学质量等。

相比简单的扫地、搬运等 AI 机器人，未来的 AI 人工智能技术给人们带来的改变将不可估量。

小豆丁懂得多

2017 年 5 月，中国乌镇围棋峰会上，阿尔法狗和 17 岁就获得世界围棋冠军的柯洁上演了一场人机对战。这场围棋对抗中，阿尔法狗运用它的智慧大脑，以 3∶0 的成绩打败了柯洁，让人们震惊不已。

事后，阿尔法狗的研究人员表示，阿尔法狗之所以可以获胜，一方面是因为在它的头脑中存在 3 000 多万张棋谱，另一方面则是因为它现在已经拥有最先进的算法，并且在下棋过程中它还可以像人类一样思考对策。

由此可见，AI 机器人的思考能力也是十分强大的。AI 专家也表示，未来人与机器的结合一定会带来更多的创新方式，机器人也会逐渐运用于医疗、教育等各个方面。

未来的手机

小豆丁的体验

小豆丁周末在家玩手机的时候，不小心把爸爸的手机给摔坏了。小豆丁非常自责，因为这个手机是爸爸刚刚换的。

爸爸回家后，小豆丁乖乖地向爸爸承认了错误，然后诚恳向爸爸道了歉。爸爸看到小豆丁这么乖，抱起小豆丁并对他说："手机摔坏了没有关系，能勇敢承认错误并改正就很好。"听到爸爸的话，小豆丁开心地笑了起来。

小豆丁想，如果手机也能像石头一样坚不可摧该多好，这样就再也不用担心它会被摔坏了。以后等他长大了，一定要设计好多与众不同的手机，这些手机可能是三角形的、方形的、圆形的，甚至是隐形的，总之它们不但摔不坏而且也不怕水，这样人们就可以随意使用手机了。

现在我们的手机已经多种多样，那么，未来我们的手机会是什么样子的呢？

下面，我们就来一起领略未来手机的风采吧！

一、个性化外观设计

虽然现在厂商生产的智能手机都拥有各自的风格，但是基本都没有走出板砖化的设计套路。如果有其他形状的手机是否能给我们带来不一样的体验呢？

甚至，我们的手机还可以设计成和眼睛一样的功能，我们可以通过眨眼睛来控制摄像头的工作。

在未来，随着技术的不断更新和更高科技含量的传感控制元件的问世，我们的手机外观很有可能会颠覆我们的想象。未来我们的手机很有可能还会像纸片那样薄，不仅可以随意折叠还不怕水，或者它还有可能变成全息触控手机，也就是隐形手机。我们想要使用手机时，只需要打开智能手表中的手机开关，手机中的应用就会显示在空中。这样的手机，光是想象一下，就觉得十分炫酷。

二、VR 和 AR 技术应用

现在，VR 和 AR 技术已经在游戏、影视、旅游和建筑设计等多个领域有所应用。我们通过这两种技术，可以沉浸在多种信息融合在一起的三维动态世界中，将小猴子、米老鼠、加菲猫等多种虚拟世界中的动画形象带到我们的世界中。

未来我们也可以把 VR 和 AR 技术应用到手机上，再搭配其他的简单穿戴设备，我们就可以用手机感受到如梦如幻的虚拟世界了。比如我们可以在手机上观看 3D

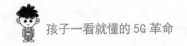
电影，让电影中的人物跳出手机屏幕和我们一起玩耍。或者在手机上玩 3D 游戏，让那些俊美的游戏人物出现在我们的真实世界中。

三、个人定制手机应用

现在我们使用的手机应用种类繁多，比如外卖应用、支付应用、购物应用等。但是，我们在使用这些应用的时候会发现，有许多应用都不符合我们的操作习惯或功能需求。

如果未来我们的手机能够根据自己的需求定制手机应用，那么我们每个人的需求都可以得到更好的满足。比如儿童自己定制自己喜欢的游戏、学习软件，青年人自己开发想要的应用软件，老年人自己制作合适自己的阅读软件等。个人定制手机应用，将会让手机变得更加智能，更加符合每个人的喜好。

总之，未来世界中的科技，会让我们的手机变得更加神奇和有趣！

小豆丁懂得多

相关专家预言，未来的手机屏幕将会是虚拟的。

未来手机都是云计算，所以我们随身携带的手机只是一个小小的手机接口，它或许比打火机还要小。我们用手轻轻一按，手机上面就会出现一个三维立体图像，同时手机还可以和电脑合二为一，还会产生虚拟的鼠标和键盘。

我们进入虚拟时代之后，手机有可能会变成完全虚拟化的。简单来说，手机会变成一个虚拟的影像。有可能是非常可爱的叮当猫，还有可能是蠢萌的哈士奇，这些虚拟的影像形影不离漂浮在我们的身边。如果我们想要使用它们，只需要喊一声它们的名字，它们就会为我们提供相关的服务。

一封来自未来的信

亲爱的前辈们：

你们好！

我叫向未来，我是一名来自 2069 年的通信爱好者。就在刚才，我读完了这本书，心中产生了很多感想，于是我决定给过去的你们写一封穿越时空的信。

现在我们已经进入了 25G 时代，也就是第 25 个通信时代。当我在图书馆里面看到这本书的时候，我十分好奇 5G 时代是什么样子的。

我怀着好奇的心情，读完你们那个时代的通信技术之后，对过去的时代产生了极大的兴趣。原来当时的你们不仅正在使用现在被我们陈列在博物馆的手机，还曾经为网络速度产生过很大的烦恼。我猜，你们一定无法想象，现在的通信技术是多么的神奇。

在我们的时代，手机早就被淘汰了，我们打电话、发消息和上网时，只需要使用一个小瓢虫那么大的音频模块。这个音频模块就像你们的耳机一样，使用的时候把它放到耳朵里面就可以了。

当我们打开音频模块的开关后，我们"手机"上的一切东西都会以全息图像

198

方式呈现在我们的眼前。我们需要什么功能，只需要在空中点击相应的应用就可以了。也就是说，这个小小的音频模块就能满足你们那时候手机和电脑上的所有功能。

当然，这并不是最神奇的事情。在 25G 时代，我们最伟大的发明是"米可"。米可并不是人类，而是"天脑"。

它的祖先其实就是你们时代中的云计算。现在它利用的是量子技术，拥有非常强大的运算能力，并且可以存储巨量的数据。不仅如此，它还是一个人工智能体，可以轻松地与我们进行交流，并为我们提供全方位的服务。比如我们感觉到饿时，只需要对米可说一句"我饿了"，它就会根据我的饮食喜欢和所在的位置，分析出最佳的进餐方案，然后自动指派餐饮店的机器人给我送来美食。看到这里，你肯定会觉得这个时代很棒吧！

那米可是凭借什么满足人类工作、社交、娱乐等多种多样的需求的呢？这是因为在 25G 时代，我们把所有的技术都发挥到了极致。比如我们的 MIMO 天线已经达到了几百万个，并且每个天线都集成在智能芯片上，甚至我们身上穿的衣服都布满了芯片天线。

另外，在我们这个时代是看不到基站的影子的，因为基站已经变成隐形的了。它们变成了一种高度集成的材料，覆盖在我们的墙面、天花板和地板上，几乎无处不在。对于我们这个时代的人来说，信号就像空气一样，覆盖在陆地、海上、天空等各个角落，所以我们的世界根本不存在信号死角，无论在哪里我们都能顺利接收和发送网络信号。

当然，基站变了之后，我们用来传输数据的网络也不一样了。听说，你们传递数据时使用的是互联网。在我们看来，这个名字好像有点土。因为现在我们使用的是天网，它是密集遍布在全球的数据传输网络。

和互联网相比，天网有很多了不起的地方。其中最神奇的就是，天网不需要人类来干预，它是由天脑来控制的。天网有着强大的计算能力，可以控制全球所有的网络。

在运行的过程中，如果有些地方的网络中断，天脑则会在 1 秒之内给天网下达命令，进行流量转移和线路疏导，整个维修的过程人类根本无法感知到。同时天网还具备神奇的自愈能力，它会自动修复自身的错误和外部损害。

天网的核心层采用的是新型的生物神经网络，它的带宽是光纤的一万倍。在强大的网络支持下，我们世界中的所有东西都做到了网络互联。我们使用的包括看到的每一样东西都拥有计算能力，甚至还具备了人工智能。

就连我们的垃圾桶都是一个智能机器人，它能自动计算家中的路径并定时收集垃圾。除此之外，它还可以根据垃圾的成分自动进行垃圾分类。

总之，在强大的天脑和神奇的天网的配合之下，我们可以完全无障碍地获取信息并进行沟通交流。

　　说完我们的世界，再来说说我吧。你们可能想象不到，我是这个时代中唯一一名人类通信工程师。是的，你没有听错，整个全球的通信服务都由我和像无数个米可这样的机器人管理着。

　　你们时代中那些与通信相关的职位都已经被人工智能取代了，整个网络都是有米可和它的同事们负责维护和处理。而我的工作内容，仅仅是控制米可这种机器人的开关，并保持它的电源充足而已。

　　相信你们都很羡慕在智能环境下工作的我，但是我却并没有为此沾沾自喜，而相反的是，我还有些隐隐的担忧。我害怕，有一天像米可这样的机器人如果不断进化下去，是否会取代人类呢？

　　虽然前所未有的通信技术让人们的生活更加便利，但是现在人与人之间的距离却好像越来越远。很多人整天都沉浸在虚拟现实的快感之中，而忘了用心去和身边的人交流和沟通。所以现在的我经常在想，我们对通信技术的极致追求是否真的正确呢？未来我们的世界又将是怎样的呢？

　　这些问题到现在都无人可以解答，或许若干年后我们也会收到更遥远的未来人给我们的信件吧。那时，所有的答案可能就会揭晓。

向未来

2069 年 12 月 16 日

参考文献

[1] 崔雁松 . 移动通信技术 [M]. 西安：西安电子科技大学出版社，2012.

[2] 麻省理工科技评论 . 科技之巅 [M]. 北京：人民邮电出版社，2019.

[3] 龟井卓也 . 5G 时代：生活方式和商业模式的大变革 [M]. 田中景，译 . 杭州：浙
    江人民出版社，2019.

[4] 李正茂，王晓云，张同须 . 5G+：5G 如何改变社会 [M]. 北京：中信出版社，
    2019.

[5] 陈爱军 . 深入浅出通信原理 [M]. 北京：清华大学出版社，2018.

[6] 何海生，戴毅 . AR 看见未来 [M]. 北京：中国商业出版社，2020.

[7] 杨波，王元杰，周亚宁 . 大话通信 [M]. 北京：人民邮电出版社，2019.